Inhalt

Die Welt der Hummeln

VORWORT

Tiere begeistern mich seit frühester Kindheit, und bereits als Grundschüler hatte ich spezielle Leidenschaften für ganz bestimmte Tiergruppen: Echsen, Amphibien und Käfer standen ganz oben auf der Liste. Hummeln gehörten nicht dazu, obwohl ich den auffällig gefärbten Wildbienen durchaus mit Vergnügen zusah und gern davon träumte, den pelzigen Brummern in ihre unterirdische Behausung zu folgen, wo ich es mir als Kind warm und gemütlich vorstellte.
Eine Annahme, die ich heute, als Tierfilmer mit einem ausgeprägten Interesse für Insekten, bestätigen kann. Erst kürzlich durfte ich am Polarkreis durch ein Spezialobjektiv in das Nest der Lapplandhummel blicken. Es war in einem alten Mäusenest eingerichtet, das die Maus dereinst unter dem Vorhang trockener Halme am Fuße eines großen Grasbüschels gebaut hatte. Jetzt lagerten im fein zersplissenen Grasstroh goldene Fässchen voller Hummelnektar. Eine kleine Schar prächtig bunt gefärbter Arbeiterinnen versorgte die eingeflogenen Vorräte und kümmerte sich um die nächste Hummelgeneration. Ein Bild, so schön, dass es mir wohl nie aus dem Gedächtnis gehen wird und das meine Begeisterung für Hummeln weiter beflügelt hat. Eine Begeisterung, die mich infiziert hat wie ein Virus, gegen den es zum Glück kein Gegenmittel gibt.
Weshalb mich Hummeln seit einiger Zeit in ihren Bann ziehen, hat zwei Gründe. Zum einen durfte ich mich höchstpersönlich beim Autor dieses von Insektenfreunden und Naturkundlern lang ersehnten Buches anstecken. Ich kenne Hannes Petrischak aus der Arbeit in der Heinz Sielmann Stiftung, die gleichsam als Erbin des Tierfilmpioniers große Naturlandschaften erhält als kostbare Lebensräume für Tausende Arten, von der kleinen Hummel bis zum großen Wisent. Hannes ist einer jener Menschen, bei denen Beruf und Berufung verschmelzen, bei denen es von außen betrachtet keinen Unterschied zwischen Arbeit und Freizeit gibt. Immer stehen Natur und Naturschutz im Mittelpunkt, und obwohl bei dem promovierten Biologen immer vieles im Fokus steht, nehmen die Hummeln doch einen besonderen Platz ein. Sobald der hauptberufliche Naturschützer Petrischak über die Hautflügler zu erzählen beginnt, leuchten seine Augen, sprudeln kuriose und spannende Naturgeschichten hervor, springt ein Funke über, und im Nullkommanichts wird man tief in seinem Inneren eines wachsenden Interesses für die farbenprächtigen Stechimmen gewahr. Hannes' Liebe zu den Insekten im Allgemeinen und zu den Hummeln im Besonderen spürt man ebenso, wenn man in dem vorliegenden Buch blättert.
Es gibt noch einen weiteren Grund, warum mich Hummeln faszinieren. Sie sind für mich Symbole einer intakten Natur, die ich erst nach Jahrzehnten des ehrenamtlichen Naturschutzes begonnen hatte, richtig zu verstehen. Viele der rund 70 Hummelarten Europas, von denen bislang 42 in Deutschland nachgewiesen wurden, sind selten. Einige stehen sogar am Rande des Aussterbens, obwohl unsere Natur ihnen doch scheinbar alles bietet, was sie zum Dasein brauchen. Oder genügen der Waldrand und die Löwenzahnwiese davor doch nicht? Jahrtausendelang lebten all die häufigen und seltenen Hummelarten mit dem Menschen Seite an Seite, bestäubten seine Nutzpflanzen und fanden in dem bestellten und genutzten Land reichlich Nahrung und Nistgelegenheiten. Diesen Tauschhandel haben wir Menschen einseitig aufgekündigt. Wir beanspruchen nach wie vor die Dienstleistungen der brummenden Bestäuber, aber die üppigen Nahrungsquellen und Niststandorte haben wir ihnen zum großen Teil genommen. Noch bis ins letzte Jahrhundert war das Land, das sich die Hummeln seit Anbeginn mit uns Menschen teilen, kleinteilig und giftfrei bewirtschaftet. Das dürfte jedoch nicht der eigentliche Grund sein, warum das Verschwinden der Hummeln in die allerjüngste Zeit fällt. Jenseits der Dörfer, Heuwiesen und Äcker lag in alter Zeit das eigentliche Dorado für viele Hummeln: die großen Weideflächen für die Nutztiere des Menschen. Diese Flächen waren weder Wald noch Grünland im heutigen Sinne. Sie waren eine Mischung aus beidem und sahen wohl ein bisschen so aus wie unsere Natur vor der Ankunft des Menschen, als hierzulande noch zahlreiche wilde Pflanzenfresser lebten, so wie noch heute in Afrika. Auf diesen wilden Viehweiden, wo nicht gepflügt und gemäht wurde, blühte es vom Frühling bis in den Spätherbst ohne Unterbrechung, gab es unzählige Gehölzinseln, Stauden und Altgrasbüschel, war der Boden uneben und voller Totholz, Gestein oder dem Auswurf grabender Tiere. Chaos könnte man das nennen. Oder maximalen Strukturreichtum. Genau das, was viele Hummeln brauchen. Die sympathischen Brummer sind somit Botschafter für einen Lebensraum, den wir fast verloren haben: das von großen Pflanzenfressern belebte, beweidete und gestaltete Land. Einfach herzustellen und billig (durch die Weidetiere) zu pflegen. Kürzlich wurde im Norden Deutschlands die für die Region ausgestorbene Veränderliche Hummel *(Bombus humilis)* wiederentdeckt. Wo?

Auf einer 400 Hektar großen Weide bei Flensburg, auf der Galloway-Rinder und Konikpferde nicht zu viele und nicht zu wenige sind und wo sie das oben beschriebene, fast verlorene Land gestalten. Andere bedrohte Hummelarten tauchten in der jüngsten Zeit in naturnah gestalteten Gärten auf. Den Rasenmäher im Schuppen zu lassen und anstatt zu mähen die Insekten vor der Haustür zu beobachten lohnt sich immer!
Möge dieses wundervolle Buch vielen Menschen die Faszination der europäischen Hummeln näherbringen. Und mögen die darin porträtierten Arten in ihrer pelzigen Pracht als fliegende Botschafter für eine weniger normierte, weniger aufgeräumte und vielfältigere Natur fungieren, in der neben Vertretern der Gattung *Bombus* auch zahlreiche Eidechsen, Frösche und Käfer leben, die mich als Kind so fasziniert haben, und dazu all die anderen Spezies unserer ebenso bedrängten wie einzigartigen Natur.

Jan Haft Dorfen, 12.8.2025

Ein Nest der Lapplandhummel *(Bombus lapponicus)* in einem Grasbüschel. Norwegen, Troms, 2.8.2025.

HUMMELN IN EUROPA

Hummeln sind Sympathieträger. Das hat viele Gründe: Ihre pelzige Gestalt und ihr klangvolles Brummen, ihr großer Nutzen als Bestäuber in Natur und Landwirtschaft, ihr zeitiges Erscheinen als Frühlingsboten schon im März und ihr soziales Verhalten beim Aufbau der Sommervölker.
Doch Hummeln haben noch viel mehr zu bieten: Mit ihrer Fähigkeit zur Thermoregulation haben sich diese ganz besonderen Bienen an höchste Gebirgslagen und an den kurzen arktischen Sommer nördlich des Polarkreises angepasst. Sie zeigen in diesen herausfordernden Regionen sogar eine außergewöhnliche Vielfalt. Außerdem konnten sie sich mit langen Zungen selbst tief verborgene Nektarquellen erschließen, was zu einer erfolgreichen Koevolution zwischen Hummeln und Blütenpflanzen geführt hat.
Leider schützen weder Sympathie noch Nützlichkeit Hummeln vor dem dramatischen Niedergang, in dem sie sich seit Jahrzehnten befinden. Wer kennt noch Deichhummel, Mooshummel, Sandhummel oder Grashummel? Man muss schon gezielt in den letzten geeigneten Lebensräumen nach ihnen suchen. Die Marschhummel scheint in Mittel- und Westeuropa sogar ausgestorben zu sein, und die Obsthummel droht ihrem Schicksal zu folgen. Hummeln brauchen uns als Verbündete, denn in blütenarmen, ausgeräumten Landschaften haben sie keine Überlebenschancen, zumal der Klimawandel als zusätzliche Bedrohung gerade erst Fahrt aufnimmt. In Regionen, in denen die Bedingungen für Hummeln noch günstig sind, danken sie es uns mit ihrer außergewöhnlichen Farbenvielfalt und faszinierenden Einblicken in ihren Lebenszyklus.
Um Hummeln in ihrer Vielfalt zu entdecken und zu verstehen, muss man den Blick über die Grenzen Mitteleuropas weiten. Skandinavien wartet mit einer sehr attraktiven Hummelfauna auf, mit mehreren Spezialisten der nordischen Tundra und Taiga. Darunter gibt es auch Arten, die sich weit davon entfernt in den Alpen und Pyrenäen wiederfinden. Andere sind ausschließlich in diesen und weiteren Gebirgen des südlichen Europas heimisch. An den Küsten des Mittelmeeres ist es den meisten Hummeln zu warm, aber insbesondere die Gebirgsinsel Korsika und die Balkanhalbinsel weisen zusätzliche Besonderheiten auf.
Der Schwerpunkt dieses Buches liegt auf Mittel-, Nord-, West- und Südeuropa. Alle 63 Arten der Gattung, die bislang zwischen dem Atlantik und der östlichen Grenze der Europäischen Union nachgewiesen sind, werden vorgestellt, davon 55 in ausführlichen Porträts. Zusätzlich sind zahlreiche Unterarten abgebildet. Die Hummeln sind dafür, wo immer möglich, in ihren natürlichen Lebensräumen dokumentiert worden, von den Kanarischen Inseln bis nach Finnland, von Schottland bis nach Griechenland. Leider lassen sich nicht alle Hummeln im Gelände oder auf Fotos sicher bestimmen. Unter Berücksichtigung von Verbreitungsgebiet und den aufgesuchten Pflanzen ist fast immer jedoch zumindest eine Eingrenzung auf wenige in Frage kommende Arten, mit etwas Erfahrung oft auch die exakte Zuordnung möglich. Spezialistinnen und Kartierer mit Ausnahmegenehmigung und entsprechender

Der Kosmos-Hummelführer deckt die Arten im grün eingefärbten Teil Europas ab.

Hummelköniginnen, hier die Helle Erdhummel *(Bombus lucorum)*, sind faszinierende Frühlingsboten. Saarland, 27.3.2011.

Ausrüstung nutzen Bestimmungsschlüssel auf der Basis von Merkmalen, für die eine Präparation der Tiere notwendig ist. Deren Beschreibung würde den Rahmen und die Zielsetzung dieses Buches sprengen; im Literaturverzeichnis finden sich weiterführende Hinweise. Insbesondere sei das umfassende Grundlagenwerk von Rasmont, Ghisbain & Terzo (2021) empfohlen.
Der Kosmos-Hummelführer soll Begeisterung für die Vielfalt der Hummeln wecken, ob vor der eigenen Haustür oder als Reisebegleiter. Dazu dienen die Einblicke in ihre faszinierenden Lebensgeschichten, vor allem aber in die Ästhetik ihrer pelzigen Farbenpracht.

In der scheinbar so kargen Tundra nördlich des Polarkreises wie hier auf dem Berg Njulla im Abisko-Nationalpark fliegen mehrere bemerkenswerte Hummeln wie Alpenhummel *(Bombus alpinus)*, Polarhummel *(B. pyrrhopygus)*, Fjellhummel *(B. balteatus)*, Tundrahummel *(B. hyperboreus)*, Lapplandhummel *(B. lapponicus)* und Arktische Ackerhummel *(B. pascuorum smithianus)*. Schweden, Norrbotten, 27.7.2024.

VERBREITUNG UND LEBENSRÄUME

Der Ursprung der Hummeln Europas

Bienen sind wie die meisten Hautflügler vor allem in warmen Regionen sehr artenreich vertreten. Ihre Verbreitungsschwerpunkte liegen in den Tropen und Subtropen. Auch in Europa nimmt die Artenzahl von Norden nach Süden kontinuierlich zu und ist in den wärmebegünstigten Lagen rund um das Mittelmeer am größten.
Hummeln zeigen einen davon komplett abweichenden Trend: Viele Arten bevorzugen kühle Regionen. Die meisten der rund 265 Arten, die es weltweit gibt, finden sich in Gebirgen bis in höchste Lagen, im hohen Norden sogar jenseits des Polarkreises sowie in den kontinentalen Steppen und Waldregionen Eurasiens und Nordamerikas. Während Hummeln in Amerika entlang der Anden sogar bis nach Feuerland und in das Amazonasbecken vorgedrungen sind, kommen sie in Afrika nur nördlich der Sahara vor, in Australien und Ozeanien gar nicht – wenn man von wenigen eingeschleppten europäischen Arten in Neuseeland und auf Tasmanien absieht. Ihren Ursprung hat die Gattung in Asien, und zwar in den Gebirgen rund um das Hochland von Tibet sowie in den nördlich davon gelegenen zentralasiatischen Steppen.
Von dort aus erfolgte einerseits die Ausbreitung Richtung Nordosten über die Beringstraße nach Nordamerika, andererseits Richtung Westen nach Europa. Dabei sind vermutlich die langrüsseligen,

Die innerasiatischen Steppen sind reich an prächtig gefärbten Hummelarten wie *Bombus sibiricus*, deren Verbreitung sich von Sibirien über die Mongolei bis nach China erstreckt. Mongolei, Öwörchangai-Aimag, 24.8.2022.

Die Alpenhummel *(Bombus alpinus)* kommt in Europa in zwei weit voneinander entfernten Naturräumen vor, nämlich in der Tundra einschließlich der Gebirge Fennoskandiens und in den Hochlagen der Alpen. Norwegen, Trøndelag, 21.7.2023.

Bei der Fjellhummel *(Bombus balteatus)* handelt es sich um eine nordische Art der Tundra und angrenzenden Taiga. Schweden, Norrbotten, 29.7.2024.

oft eher bräunlich oder gelblich gefärbten Arten des blütenreichen Tiefland-Graslands durch die sibirische Steppe bis nach Westeuropa vorgedrungen, während die in der Regel bunten, kurzrüsseligen Arten der Hochlagen („montanes Grasland") Europa über die Gebirgszüge erreicht haben, die sich westlich an den Himalaya anschließen. Diese Ereignisse liegen inzwischen über fünf Millionen Jahre zurück. Heutige Verbreitungsmuster sind durch nachfolgende Ereignisse wie die Eiszeiten überprägt, aber es fällt auf, dass der Schwerpunkt von vorwiegend gelb oder braun gefärbten, langrüsseligen Arten wie Deichhummel *(Bombus distinguendus)* und Veränderlicher Hummel *(B. humilis)* im Tiefland liegt, von vielen Arten mit intensiver Rotfärbung wie Berglandhummel *(B. monticola)* oder Alpenhummel *(B. alpinus)* in den Hochgebirgen oder im hohen Norden Europas.

Wichtige Zentren der Hummelvielfalt: Gebirge und der hohe Norden

In der jüngsten Eiszeit, der Würm-Kaltzeit vor 115.000–12.000 Jahren, waren wie in den vorangegangenen Eiszeiten insbesondere weite Teile Nordeuropas und der Alpenraum dauerhaft von Gletschermassen bedeckt. Viele Hummelarten konnten aber in den Kältesteppen Mitteleuropas überleben. Als das Klima sich erwärmte und die Gletscher zurückwichen, zogen sich die an kühle Verhältnisse angepassten Hummelarten in die nun zugänglichen Gebirge und in den hohen Norden (Skandinavien und Finnland, also Fennoskandien) zurück. Ihre Populationen sind seither voneinander isoliert. Im Ergebnis sind sehr unterschiedliche Verbreitungsmuster entstanden.

Die Hochlagen der Alpen über etwa 2.500 m Höhe sind Lebensraum für Spezialisten wie Alpenhummel *(Bombus alpinus)*, Höhenhummel *(B. sichelii)*, Pyrenäenhummel *(B. pyrenaeus)* und Trughummel *(B. mendax)*. Österreich, Salzburg, 23.8.2024.

Arkto-alpine Arten kommen im Süden in den Hochlagen der Gebirge jenseits der Baumgrenze vor und im Norden in den baumfreien Tundren, die sich in den Skanden, dem skandinavischen Gebirgszug, bis nach Südnorwegen erstrecken. Für dieses Verbreitungsmuster steht vor allem die Alpenhummel *(Bombus alpinus)*. Sie ist nur in den Hochlagen der Alpen und lokal der Karpaten (dort mittlerweile verschollen) sowie in den arktischen (Gebirgs-)Tundren anzutreffen und hat in diesen weit voneinander entfernten Regionen zwei Unterarten ausgebildet.
Alle weiteren Hummelarten, die nah mit der Alpenhummel verwandt sind und ebenfalls zur Untergattung *Alpinobombus* zählen, weisen ein rein arktisches Verbreitungsmuster auf, fehlen also in den Gebirgen Mittel- und Südeuropas: Polarhummel *(B. pyrrhopygus)*, Tundrahummel *(B. hyperboreus)* und Fjellhummel *(B. balteatus)*. Am häufigsten tritt die Fjellhummel auf; sie fliegt regelmäßig auch deutlich unterhalb der Baumgrenze. Andererseits gibt es im Süden, in den Hochlagen von Alpen und Pyrenäen, teilweise auch in den Karpaten, im Kantabrischen Gebirge und auf dem Balkan, einige rein alpine Hummelarten, die also in Skandinavien nicht vorkommen. Prominente Beispiele dafür sind Trughummel *(B. mendax)* und

Die Höhenhummel *(Bombus sichelii)* ist eine sehr charakteristische Art für die Hochlagen der Alpen. Österreich, Salzburg, 22.8.2024.

Pyrenäenhummel *(B. pyrenaeus)*. Gleiches gilt für die Höhenhummel *(B. sichelii)*, die allerdings im Norden auch in der russischen Taiga heimisch ist.
Boreo-montan verbreitete Hummeln zeigen ein ähnliches Verbreitungsmuster wie arkto-alpine Arten. Ihr Schwerpunkt liegt in den Gebirgen jedoch in der Bergwaldstufe, im hohen Norden entsprechend im Waldgürtel der Taiga. Die Tren-

Die Hochtäler der Pyrenäen, hier das Vallée d'Eyne mit Rostblättriger Alpenrose *(Rhododendron ferrugineum)*, sind bekannt für ihre große Hummelvielfalt. Frankreich, Pyrénées-Orientales, 5.7.2024.

Mit fünf Unterarten kommt die Berglandhummel *(Bombus monticola)* in Europa vor, in den südlichen Gebirgen ebenso wie in Großbritannien und in Fennoskandien. In den Pyrenäen fliegt die prächtig gefärbte ssp. *rondoui*. Frankreich, Pyrénées-Orientales, 8.7.2024.

Auf Lichtungen und an Waldwegen in Norwegen, Schweden und Finnland ist die Taiga-Erdhummel *(Bombus sporadicus)* besonders häufig an Schmalblättrigem Weidenröschen *(Epilobium angustifolium)* zu beobachten. Norwegen, Vestland, 27.7.2023.

Die Taiga ist die Zone der nordischen Nadelwälder. Eng an diese Region sind Arten wie Gebänderte Taigahummel *(Bombus cingulatus)* und Taiga-Erdhummel *(B. sporadicus)* gebunden. Schweden, Västernorrland, 2.6.2025.

nung ist nicht scharf, und oft steigen diese Arten bis weit über die Baumgrenze hinauf und kommen ebenso in der Tundra vor. Ein typisches Beispiel ist die Berglandhummel *(B. monticola)*, die mit mehreren Unterarten in fast allen Gebirgen des südlichen Europas, auf den Britischen Inseln und in Fennoskandien vertreten ist. Ähnlich stellt sich die Situation bei der Bergwaldhummel (*B. mastrucatus*, Synonym: *B. wurflenii*) dar. Sie fliegt zwar nicht in Großbritannien, ihr Verbreitungsgebiet schließt aber die Mittelgebirge Mitteleuropas ein – wo sie durch Lebensraumverluste mittlerweile leider weitgehend verschollen ist. Die Gelbe Alpenkuckuckshummel *(Bombus flavidus)* ist vollständig auf Alpen, Pyrenäen und Kantabrisches Gebirge sowie die nordische Tundra und Taiga beschränkt. Es gibt aber auch rein boreale Arten, die also ausschließlich im hohen Norden vorkommen: In Tundra und Taiga Fennoskandiens fliegt die Lapplandhummel *(B. lapponicus)*. Typische Bewohner der nordischen Taiga sind außerdem Taiga-Erdhummel *(B. sporadicus)* und Gebänderte Taigahummel *(B. cingulatus)*. Besonders interessant ist die Situation der Eisenhuthummeln: In der nordischen Taiga ist *B. consobrinus* heimisch, in den Alpen und einigen weiteren Gebirgen im südlichen Europa *B. gerstaeckeri*. Sie sind an das Vorkommen großer Bestände von Eisenhutarten (Gattung *Aconitum*) gebunden. Montane Arten im südlichen Europa sind außerdem Berghummel *(B. mesomelas)*, die einst auch in einigen mitteleuropäischen Mittelgebirgen verbreitet war, und Grauweiße Hummel *(B. mucidus)*. Sie sind eng an offene Graslandschaften gebunden und bis in hochalpine Lagen hinauf zu finden.

Hummeln in den Ebenen Mittel- und Westeuropas

Einige europäische Hummeln sind in Mittel- und Westeuropa im Tiefland weit verbreitet, besiedeln aber ebenso die südeuropäischen Gebirge, zumindest die Alpen, bis zur Baumgrenze oder auch deutlich darüber hinaus. In Fennoskandien fliegen sie fast alle in der Taiga, in einigen Fällen auch in der Tundra. Das gilt insbesondere für Helle Erdhummel *(B. lucorum)* und Heidehummel *(B. jonellus)*, aber auch für Baumhummel *(B. hypnorum)*, Wiesenhummel *(B. pratorum)*, Gartenhummel *(B. hortorum)*, Ackerhummel *(B. pascuorum)*, Kryptarum-Erdhummel *(B. cryptarum)*, Glockenblumenhummel *(B. soroeensis)*, Vierfarbige Kuckuckshummel *(B. quadricolor)* und Grashummel *(B. ruderarius)*. Für Heide-, Gras- und Glockenblumenhummel sowie die Vierfarbige Kuckuckshummel sind Skandinavien und die Gebirge in Folge eines massiven Rückgangs im mittel- und westeuropäischen Tiefland wichtige Rückzugsräume. Auch die Erdbauhummel *(B. subterraneus)* findet man regelmäßig fast nur noch in Süd- bis Mittelschweden, Südfinnland und in montanen Regionen.

Eine nicht geringe Zahl von Hummeln hat einen Verbreitungsschwerpunkt in den Ebenen Mittel-

Eine Berghummel-Königin *(Bombus mesomelas)* an Echtem Alpen-Enzian *(Gentiana clusii)*. An sonnigen Südhängen in 1.400–2.500 m Höhe kann man diese seltene Hummel in den Alpen und einigen weiteren Gebirgen im südlichen Europa noch finden. In Deutschland ist sie allerdings ausgestorben. Schweiz, Kanton Graubünden, 31.5.2025.

Trockenwarme, steppenartige Sandhänge in Brandenburg bieten einigen bemerkenswerten Arten Lebensraum. An diesem Standort südlich von Berlin wurden Samthummel *(Bombus confusus)*, Glockenblumenhummel *(B. soroeensis)*, Bunte Hummel *(B. sylvarum)* und Veränderliche Hummel *(B. humilis)* beobachtet. 27.6.2023.

Die Königin der Grashummel *(Bombus ruderarius)* lässt sich an den roten Körbchenhaaren von der häufigeren Steinhummel *(B. lapidarius)* unterscheiden. In tieferen Lagen Mittel- und Westeuropas ist die Grashummel sehr selten geworden, sie fliegt aber beispielsweise an den Südhängen der Alpen, in den Pyrenäen und im südlichen Skandinavien noch zahlreich. Schweden, Uppsala, 1.6.2025.

europas. Dazu zählen Steinhummel *(B. lapidarius)*, Deichhummel *(B. distinguendus)*, Samthummel *(B. confusus)*, Sandhummel *(B. veteranus)*, Mooshummel *(B. muscorum)*, Veränderliche Hummel *(B. humilis)*, Obsthummel *(B. pomorum)* und Bunte Hummel *(B. sylvarum)*. Die Mooshummel kommt schwerpunktmäßig in der Nähe von Küsten, aber auch von Binnengewässern und in Feuchtgebieten vor. Durch die intensive landwirtschaftliche Nutzung der Ebenen sind die anspruchsvollen langrüsseligen Arten wie Moos-, Deich- und Sandhummel mittlerweile sehr selten geworden.

Hummeln am Mittelmeer

Der Mittelmeerraum im engeren Sinne wird von den meisten Hummelarten gemieden. Einige Arten dringen entlang der Gebirge von Iberischer, Italienischer und Balkanhalbinsel allerdings weit nach Süden vor. Auch die Steinhummel ist im mediterranen Umfeld eine vorwiegend montane bis alpine Art, die in Marokko mit der ssp. *atlanticus* sogar das Atlasgebirge besiedelt hat. Die einzige Art mit weitreichender mediterraner Verbreitung ist die Dunkle Erdhummel *(B. terrestris)*, die mit der ssp. *canariensis* auch als einzige Hummel auf den Kanarischen Inseln heimisch ist. Eine Sonderrolle unter den mediterranen Regionen nimmt Korsika ein. Diese Insel weist ein großes Spektrum an Lebensräumen von den Küsten bis ins Hochgebirge auf. Die sehr häufige Rotbeinige Erdhummel *(B. xanthopus)*, lange Zeit als Unterart der Dunklen Erdhummel angesehen, ist eine endemische Hummel Korsikas. Mit der selteneren *B. renardi* fliegt in den Bergregionen auf Korsika eine weitere endemische Art. Sie ist eng mit der Hellen Erdhummel *(B. lucorum)* verwandt. Spezielle Unterarten von Mooshummel, Feldhummel, Gartenhummel und Gefleckter Kuckuckshummel sind ebenfalls ausschließlich auf Korsika zu finden, was die herausragende Rolle dieser Insel für die europäische Hummelfauna unterstreicht.

Im westlichen Mittelmeerraum einschließlich Italien ist die Feldhummel *(B. ruderatus)* an trockenheiße Regionen angepasst und kommt wie Steinhummel und Dunkle Erdhummel bis nach Marokko vor. Sie wird im Osten abgelöst von der nah verwandten Tonerdhummel *(B. argillaceus)*. Die Verbreitungsgebiete beider Arten überlappen sich nur geringfügig. Im äußersten

Samthummel-Männchen *(Bombus confusus)* sind an ihren großen Augen und dem auffälligen Verhalten leicht zu erkennen. In Mitteleuropa einst weit verbreitet, ist diese Art heute nur noch sehr selten zu finden. Brandenburg, 24.8.2019.

Aus dem östlichen Mittelmeerraum ist die Tonerdhummel *(Bombus argillaceus)* – hier eine Arbeiterin – seit der Eiszeit bis in das südliche Mitteleuropa vorgedrungen und expandiert aktuell weiter Richtung Norden. Griechenland, Westmakedonien, 23.6.2025.

Die Veränderliche Hummel *(Bombus humilis)* kommt in weiten Teilen Europas in sehr unterschiedlichen Farbformen vor, in Ostdeutschland vorwiegend in der schwarzen f. *tristis*. Brandenburg, 25.7.2020.

Die Rotbeinige Erdhummel *(Bombus xanthopus)* ist auf Korsika endemisch und dort von der Küste bis ins Gebirge die häufigste Hummelart. Frankreich, Haute-Corse, 18.5.2024.

Südosten Europas fliegt die Tonerdhummel gemeinsam mit der Östlichen Hummel *(B. zonatus)* und der Schneehummel *(B. niveatus)*. Alle drei Arten warten mit einer besonders attraktiven Färbung und einer kurzen, fast samtartigen Behaarung auf.

Blütenreiche Wiesen und Wegränder in der Nähe von Meeresküsten oder Seen wie hier am westlichen Ufer des Hjälmaren sind bevorzugter Lebensraum der Mooshummel *(Bombus muscorum)*, den sie sich in diesem Fall beispielsweise mit Grashummel *(B. ruderarius)*, Veränderlicher Hummel *(B. humilis)* und Bunter Hummel *(B. sylvarum)* teilt. Schweden, Örebro, 24.7.2024.

Unter den mediterranen Regionen sticht Korsika als Heimat mehrerer endemischer Arten und Unterarten von Hummeln hervor. Frankreich, Haute-Corse, 19.5.2024.

Aktuelle Ausbreitung von Hummeln in Europa

Der Klimawandel stellt für fast alle Hummeln eine dramatische Bedrohung dar, da sie an kühle Verhältnisse angepasst sind. Er wird zusätzlich zur stetigen Verschlechterung ihrer Lebensräume sehr negativ wirken. Einige Arten profitieren allerdings momentan von der Erwärmung und breiten sich sowohl in der Höhe als auch nach Norden aus. Das gilt vor allem für die anpassungsfähigen, ohnehin häufigen Arten Dunkle Erdhummel *(B. terrestris)*, Steinhummel *(B. lapidarius)*, Baumhummel *(B. hypnorum)* und Ackerhummel *(B. pascuorum)*. So ist die Dunkle Erdhummel in Norwegen und Schweden mittlerweile über den Polarkreis vorgedrungen. Die Baumhummel hat erst nach dem Jahr 2000 die Britischen Inseln und sogar Island erreicht. Auf Stein- und Ackerhummel trifft man in den Alpen immer häufiger auch in Höhen deutlich über 2.000 m, wo sie früher nur selten gesichtet wurden.

Neben der erwartbaren Arealerweiterung bei diesen Ubiquisten gibt es aber eine äußerst dynamische Entwicklung bei vier weiteren Arten, die aus dem fernen Nordosten und aus dem Südosten bis nach Mitteleuropa vorgedrungen sind: Semenov-Hummel *(B. semenoviellus)*, Schrencks Hummel *(B. schrencki)*, Tonerdhummel *(B. argillaceus)* und Ungarische Hummel *(B. haematurus)*. Das Verbreitungsgebiet der Ungarischen Hummel, auch Bluthummel genannt, erstreckte sich noch in den 1980er Jahren vom nördlichen Iran bis nach Serbien. Im Zuge einer rasanten Ausbreitung Richtung Nordwesten ist diese eng an Laubwälder gebundene Art bis nach Österreich, Tschechien und Italien vorgedrungen. Auch der Drang der seit etwa dem Jahr 2000 expansiven Tonerdhummel Richtung Norden durch die österreichischen Alpentäler war in den zurückliegenden Jahren deutlich sichtbar, bis im Juni 2024 im

Porträt einer Königin der Ungarischen Hummel *(Bombus haematurus)*. Diese Art machte sich in den 1980er Jahren vom südlichen Balkan aus auf den Weg nach Mitteleuropa. Österreich, Wien, 14.4.2025.

An den Ufern des Kleinen Prespasees auf dem südlichen Balkan fliegen Tonerdhummel *(B. argillaceus)*, Schneehummel *(B. niveatus)*, Mooshummel *(B. muscorum)*, Veränderliche Hummel *(B. humilis)* und Bunte Hummel *(B. sylvarum)*. Griechenland, Westmakedonien, 21.6.2025.

Verbreitung und Lebensräume

Männchen-Porträt der Semenov-Hummel *(Bombus semenoviellus)*. In den 1990er Jahren erreichte sie Deutschland von Osten her. Mecklenburg-Vorpommern, 12.8.2024.

Die aktuelle Ausbreitung von Schrencks Hummel *(Bombus schrencki)* Richtung Westen verläuft in Finnland und Polen sehr erfolgreich. Sie könnte in naher Zukunft auch Deutschland erreichen. Finnland, Helsinki, 2.7.2025.

Blick von Vallisaari auf Suomenlinna: Die Stadtlandschaft von Helsinki schließt auch diese Schären ein. Schrencks Hummel *(Bombus schrencki)* und Erdbauhummel *(B. subterraneus)* sind häufige Hummel-Highlights in Helsinki. Finnland, 7.7.2025.

Rahmen eines Citizen-Science-Projekts der erste Nachweis in Süddeutschland gelang. Das Potenzial für die Ausbreitung wärmeliebender Arten von Südosten Richtung Mitteleuropa ist prinzipiell groß und könnte auch Schneehummel *(B. niveatus)* und Östliche Hummel *(B. zonatus)* betreffen. Sie leiden aber aktuell eher unter der Verschlechterung ihrer Lebensräume, als dass sie von der Erwärmung profitieren könnten. Hingegen hat sich seit den 1980er Jahren ganz unvermittelt die Semenov-Hummel von Osten her in Mitteleuropa ausgebreitet. Nachdem sie im Baltikum und Polen entdeckt worden war, tauchte sie Mitte der 1990er Jahre in Deutschland auf. Bis in die 2010er Jahre hinein breitete sie sich hier weiter aus, und auch in Niederösterreich und Südnorwegen erfolgten Nachweise. Seither scheint sich die Expansion zu verlangsamen, und die Art wird in Deutschland sogar wieder seltener gefunden. Bei Schrencks Hummel lässt sich die Expansion aus der sibirischen Taiga Richtung Westen ganz aktuell nachvollziehen: Seit den 1990er Jahren ist sie aus dem Nordosten Polens bekannt, seit 2000 aus Finnland. In beiden Ländern hat sie sich etabliert. In Helsinki lässt sie sich leicht auch in der Stadt beobachten, 2023 erfolgten erste Nachweise in der Region Warschau.

KÖRPERBAU UND KÖRPERFUNKTIONEN

Der Körper der Hummeln ist wie bei den meisten Insekten dreigeteilt in Kopf, Thorax (Brust) und Abdomen (Hinterleib). Allerdings ist dies bei der großen Unterordnung der Taillenwespen (Apocrita), zu der alle Bienen und damit auch die Hummeln gehören, eine ungenaue Beschreibung. Denn das erste Segment des Abdomens, das Propodeum, ist breit mit dem Thorax verwachsen, und dahinter erst folgt die sichtbare Einschnürung zwischen mittlerem und hinterem Körperabschnitt. Der kompakte Mittelkörper der Hummeln umfasst also genau genommen den Thorax und das erste Segment des Abdomens und wird korrekt als Mesosoma bezeichnet, der restliche Hinterleib als Metasoma. Da diese Begriffe jedoch nur Spezialisten vertraut sind und in der populären Literatur kaum Verwendung finden, bleibt es in den nachfolgenden Beschreibungen bei den gebräuchlichen Bezeichnungen Thorax und Hinterleib.

Kopf

Der Kopf trägt die Mundwerkzeuge, Augen und Fühler (Antennen). Eine genaue Betrachtung der Mundwerkzeuge ist für die Bestimmung der Arten von großer Bedeutung. Schon das auf den ersten Blick unscheinbare Labrum (Oberlippe)

Porträt einer Königin der Dunklen Erdhummel *(Bombus terrestris)* mit den wichtigsten äußerlich erkennbaren Elementen des Kopfes. Typisch für Erdhummeln sind der kurze Kopf und der kurze Rüssel. Brandenburg, 30.4.2023.

Porträt einer Königin der Eisenhuthummel *(Bombus gerstaeckeri)* im Nest. In der hier festgehaltenen Situation mit der kurzzeitigen Spreizung des Rüssels (Proboscis) ist die sehr lange Zunge gut erkennbar. Auch das Gesicht ist außergewöhnlich lang, was sich gut am ausgedehnten Wangenraum erkennen lässt.

trägt mit Tuberkeln, Furche und Lamelle wichtige diagnostische Merkmale, deren Analyse allerdings eine Betrachtung unter dem Binokular und zudem einige Erfahrung erfordern. Die kräftigen Mandibeln (Oberkiefer oder einfach Kiefer) sind seitlich an den Wangen verankert und tragen am Ende bei weiblichen Tieren 3–6, bei Männchen 1–3 Zähne. Damit beißen Hummeln etwa das Wachs von Brutwaben auf – oder die Kronröhren von Blüten mit tiefen Kelchen, um von außen Nektar zu „stehlen". Die restlichen Mundwerkzeuge, Maxillen (Unterkiefer) und Labium (Unterlippe), sind am Grund miteinander verwachsen und formen einen komplexen Saugrüssel, mit dem Hummeln Nektar trinken. Der Rüssel wird als Proboscis bezeichnet. In seinem Zentrum befindet sich die Zunge (Glossa), die gemeinsam mit den paarig angeordneten Außenladen (Galeae) und Lippentastern (Labialpalpen) eine Röhre bildet. Die Länge des Rüssels bzw. der Zunge variiert zwischen den einzelnen Untergattungen sehr stark: Bei Erdhummeln *(Bombus)* ist sie kurz und erreicht maximal 10 mm, während die Rüssellänge von Königinnen der Untergattung *Megabombus* über 20 mm erreichen kann. Dazu zählen beispielsweise die Gartenhummel *(Bombus hortorum)* und die Eisenhuthummel *(B. gerstaeckeri)*. Langrüsselige Hummeln sind an Blüten mit tiefen Kelchen, zum Beispiel Eisenhut, Lippen- und Schmetterlingsblütler, angepasst. Mit der Länge

Fühler von Arbeiterin (links) und Männchen der Veränderlichen Hummel *(Bombus humilis)*. Weibliche Hummeln haben 12, Männchen 13 Antennenglieder (A1–A13). Brandenburg, 25.7.2020 (links); Schweden, Västmanland, 25.7.2024.

des Rüssels korrespondiert meist auch die Länge des Wangenraums, also des Bereichs zwischen dem unteren Rand der Komplexaugen und des Ansatzes der Mandibeln. Er ist bei *Megabombus*-Arten sehr groß; die Gartenhummel hat also ein auffällig langes Gesicht. Das ermöglicht beispielsweise die Unterscheidung von der Heidehummel *(Bombus jonellus)* mit einem kurzen Gesicht.
In der Mitte des Kopfes zwischen Mundwerkzeugen, Augen und Antennen befindet sich der Clypeus, das Gesichtsfeld. Die Behaarung auf dem Clypeus ist ein wichtiges Merkmal in Bestimmungsschlüsseln, denn sie kann hell oder dunkel sein und unterscheidet sich oft zwischen den Geschlechtern.
Auch die Fühler liefern in dieser Hinsicht wichtige Hinweise. Sie sind bei Weibchen 12-gliedrig, bei Männchen 13-gliedrig. Außerdem erscheinen die längeren Fühler der Männchen häufig auffällig gebogen oder am Ende leicht gekrümmt. Die Fühler setzen sich zusammen aus dem meist langgestreckten Schaft (Scapus) und der Geißel, deren erstes, kugeliges Glied als Wendeglied (Pedicellus) bezeichnet wird. Das Längenverhältnis der restlichen 10–11 Geißelglieder zueinander ist bei einigen schwer unterscheidbaren Arten

Eine Heidehummel-Königin *(Bombus jonellus)*, die auf dem Thorax das typische gelb-schwarz-gelbe Farbmuster der Arten zeigt, bei denen neben dem Collare (Kragen) auch das Scutellum (Schildchen) gelb behaart ist. Brandenburg, 9.9.2022.

ein wichtiges Bestimmungsmerkmal. Hummeln riechen mit den Fühlern.
Über die großen Komplex- oder Facettenaugen, die aus Tausenden von Einzelaugen (Ommatidien) bestehen, können Hummeln bis zu 300 Einzel-

Diese Königin der Dunklen Erdhummel *(Bombus terrestris)* präsentiert ein Hinterbein so, dass Femur (Schenkel), Tibia (Schiene) und Tarsus (Fuß) gut erkennbar sind. Die langen Haare auf der Tibia bilden mit der glänzenden Außenfläche das Körbchen (Corbicula). Brandenburg, 10.4.2023.

Die kurze Behaarung dieser Mooshummel-Arbeiterin *(Bombus muscorum)* lässt die Grenzen zwischen den Tergiten des Hinterleibs gut erkennen. Weibliche Hummeln weisen 6 sichtbare Tergite (T1–T6) auf. Griechenland, Westmakedonien, 17.6.2025.

Dieses Männchen der Veränderlichen Hummel *(Bombus humilis)* ermöglicht einen Blick auf seine 7 Tergite (T1–T7), die sich mit Hilfe heller Säume ab T2 leicht voneinander abgrenzen lassen. Brandenburg, 14.8.2022.

bilder pro Sekunde verarbeiten, also auch extrem schnelle Bewegungen wahrnehmen. Bei den Männchen von Samthummel *(Bombus confusus)*, Trughummel *(B. mendax)* und Schneehummel *(B. niveatus)* sind die Augen besonders groß und vorgewölbt, was mit ihrem besonderen Verhalten bei der Partnerfindung zusammenhängt. Auf der Stirn tragen Hummeln außerdem drei Ocellen (Punktaugen). Sie nehmen Lichtstärke und -richtung wahr und spielen damit eine wichtige Rolle für die Orientierung, die Flugstabilisierung und den Tagesrhythmus der Hummeln. Die Abstände der Ocellen untereinander sowie zu den Komplexaugen dienen in einigen Fällen als Bestimmungsmerkmale. Oberhalb der Komplexaugen liegt der Scheitel (Vertex), dessen Haarfarbe bei der Bestimmung ebenfalls von Bedeutung sein kann.

Thorax

Der Thorax besteht aus drei miteinander verwachsenen Segmenten (Pro-, Meso- und Metathorax) und bildet bei Hummeln zusammen mit dem 1. Abdominalsegment, dem Propodeum, eine Einheit. Der Aufbau der einzelnen Segmente lässt sich in einzelne Abschnitte aufteilen: Oben liegt das Notum, seitlich die Pleura, unterseits das Sternum. Allerdings lässt der dichte Pelz der Hummeln die Grenzen zwischen den einzelnen Platten meist nicht erkennen. Interessant ist jedoch das Scutellum (Schildchen), eine halbrunde Platte recht weit hinten auf dem Thorax, die oft hell behaart ist. Diese helle Behaarung wird auch als Scutellarband bezeichnet. Direkt hinter dem Kopf tragen viele Hummeln ebenfalls eine auffällige helle Behaarung auf dem Thorax, die als Kragen (Collare) bezeichnet wird. Jedes der drei Segmente des Thorax trägt ein Beinpaar. An Meso- und Metathorax setzt außerdem jeweils ein Flügelpaar an.

Die Flügel sind dünn und durchscheinend, sie werden durch feste Adern stabilisiert. Die größeren Vorderflügel bilden im Flug mit den Hinterflügeln eine Einheit, weil kleine Häkchen (Hamuli) am Vorderrand der Hinterflügel sich in einer Falte am Hinterrand der Vorderflügel verankern. Vor allem bei weiblichen Kuckuckshummeln (Untergattung *Psithyrus*) und bei Königinnen der Tonerdhummel *(Bombus argillaceus)* sind die Flügel stark verdunkelt. Im Thorax liegt die kräftige Flugmuskulatur, mit deren Hilfe Hummeln ihre Temperatur aktiv regulieren können. Durch Muskelzittern können sie sogar bei sehr niedrigen Außentemperaturen von weniger als 5 °C ihre Körpertemperatur auf 35 °C steigern, um flugfähig zu sein. Der dichte Pelz sorgt für die notwendige Isolation. Die Einschnürung zum Hinterleib verhindert, dass zu viel Wärme aus der Brust abgegeben wird; zusätzlich wirken Luftsäcke isolierend. Bei sehr hohen Außentemperaturen droht Hummeln allerdings die Überhitzung. Daher nimmt die Artenvielfalt bei dieser Gattung im Mittelmeerraum ab, und die dort vorkommenden Hummeln sind auffallend kurz behaart. Zur kurzfristigen Abkühlung können Hummeln die kühlere Hämolymphe (Blut) aus dem Hinterleib aktiv in den Thorax pumpen. Unter Hitzewellen leiden Hummeln stark; bei über 35 °C Außentemperatur stellen die meisten Arten ihre Aktivitäten komplett ein. Die drei Beinpaare sind im Prinzip gleich aufgebaut: Coxa (Hüfte) und Trochanter (Schenkelring) sind die ersten beiden Glieder, die allerdings meist im Pelz der Hummeln verborgen bleiben. Dann folgen Femur (Schenkel) und Tibia (Schiene) sowie der aus fünf Gliedern aufgebaute Tarsus (Fuß). Das erste Glied, der Basitarsus, ist lang und abgeflacht. Das letzte Glied trägt zwei Klauen und dazwischen einen Haftlappen (Pulvillus). An der Schiene der Hinterbeine (Metatibia) wird der mit Nektar befeuchtete Pollen als Klumpen gesammelt. Am Rand der Metatibia sind lange, teils borstenartige Haare kranzförmig angeordnet, die zusammen mit der konkaven, glatten Außenseite der Tibia ein Körbchen (Corbicula) bilden. Der Basitarsus der Hinterbeine trägt an der Innenseite eine Haarbürste, um den Pollen aus dem Pelz der Hummeln zu streifen. Die Behaarung und die Oberflächenstruktur von Tibia und Basitarsus am Hinterbein sind wichtige Bestimmungsmerkmale.

Hinterleib

Der Hinterleib der Hummeln trägt die Fortpflanzungs- und Verdauungsorgane. Äußerlich ist die Gliederung in Segmentringe erkennbar, die sich aus Tergiten (Oberseite) und Sterniten (Bauchseite) zusammensetzen. Bei weiblichen Hummeln sind 6 Tergite erkennbar, bei Männchen 7 Tergite. Die Oberflächenstrukturen der Tergite, vor allem des 6. Tergits bei den Weibchen, liefern oft wesentliche Anhaltspunkte bei der Bestimmung der Arten, ebenso die Struktur der Genitalien, insbesondere bei den Männchen.

Nur weibliche Hummeln, also Königinnen und Arbeiterinnen, besitzen einen Stachel. Dieser besteht aus Teilen der ins Körperinnere verlagerten Hinterleibssegmente 7, 8 und 9 und ist entwicklungsgeschichtlich aus einem Eiablageapparat hervorgegangen, den man beispielsweise bei Schlupfwespen noch als Legebohrer erkennen kann. Er ist verbunden mit einer Giftblase. Da die Muskulatur bei Hummeln anders als bei Honigbienen *(Apis mellifera)* ausgeprägt ist, reißt der Stachel mit der Giftblase bei einem Stich nicht heraus. Hummeln können also mehrfach stechen. Allerdings bevorzugen sie eher die Flucht. Normalerweise sticht eine Hummel nur, wenn sie direkt in die Hand genommen wird. Fühlt sie sich bedroht, hebt sie zunächst ein Bein als Abwehrsignal. Auch am Nest attackieren die meisten Arten störende Besucher nicht direkt. Die Arbeiterinnen legen sich in Abwehrposition allenfalls auf den Rücken und präsentieren dem vermeintlichen Angreifer die nach oben gekrümmte, stachelbewehrte Hinterleibsspitze. Es gibt aber Ausnahmen. Die Baumhummel *(Bombus hypnorum)* duldet Störungen im Umfeld des Nestes nicht und kann unvermittelt stechen, wenn man dem Nistplatz zu nahe kommt. Auch Trughummel *(B. mendax)* und Dunkle Erdhummel *(B. terrestris)* können ihr Nest energisch verteidigen.

Eine tote Erdhummel mit Sandkörnern im Pelz hat ihren Stachel ausgefahren. Brandenburg, 14.8.2024.

Rotklee *(Trifolium pratense)* in großen Beständen ist eine wichtige Nahrungsressource für langrüsselige Hummeln. Schottland, Orkney, 12.7.2018.

HUMMELN UND BLÜTEN

Wichtige Nahrungspflanzen für Hummeln

Hummeln sammeln Pollen und Nektar an Blüten. Der proteinreiche Pollen ist unentbehrlich als Nahrung für die Hummellarven. Die Farbe der Pollenklumpen in den Körbchen der Hinterbeine gibt Aufschluss über die Pollenquelle. Beispielsweise ist Pollen von Klee braun, von Eisenhut weiß, von Weiden gelb, von Purpurtaubnessel orange. Manchmal sind die Pollenklumpen bunt gestreift – dann hat die Hummel an verschiedenen Pflanzen gesammelt. Der zuckerreiche Nektar dient auch den erwachsenen Hummeln selbst als Energiequelle. Zu den Vorratstöpfen im Nest transportieren Hummeln ihn im Kropf („Honigmagen"). Fast alle Hummeln gelten als polylektisch. So bezeichnet man Wildbienen, die den Pollen für ihren Nachwuchs nicht nur spezifisch an einer Pflanzenfamilie oder Gattung sammeln, sondern ein weites Spektrum an Pflanzen zur Futtersuche nutzen. Wildbienen, die sehr spezialisiert sammeln, nennt man oligolektisch. Die Flugzeit solcher Bienen ist meist eng an die Blütezeit der entsprechenden Pflanzen gekoppelt. Hummeln wird diese Einteilung in den meisten Fällen jedoch nicht ganz gerecht.

Es gibt einige Arten, die recht unspezifisch sammeln und daher auch in fast allen Lebensräumen zu finden sind. Dazu gehören Dunkle Erdhummel *(Bombus terrestri)*, Steinhummel *(B. lapidarius)* oder Baumhummel *(B. hypnorum)*. Man kann sie als Generalisten bezeichnen, die sich opportunistisch an die Verfügbarkeit der Nahrungsquellen in ihrem Vorkommensgebiet anpassen können – blühende Bäume und Sträucher werden ebenso genutzt wie krautige Pflanzen und Stauden.

Allerdings lässt schon die Ausprägung der Mundwerkzeuge erkennen, dass viele Hummeln besondere Anpassungen an die Form der Blüten haben. Ein langes Gesicht und ein langer Rüssel deuten auf die Bevorzugung von Blüten mit tiefen Kelchen hin. Da Hummeln über den Sommer Völker aufbauen, benötigen sie einerseits möglichst großflächige Vorkommen ihrer Nahrungspflanzen, andererseits eine lange Blütezeit oder eine nahtlose Folge von geeigneten, nacheinander blühenden Pflanzen von März/April bis August/September. Eine besonders große Bedeutung für langrüsselige Arten kommt zum Beispiel folgenden Pflanzen zu:

— Schmetterlingsblütler (Fabaceae):
Rotklee *(Trifolium pratense)*, Zickzack-Klee *(Trifolium medium)*, Alpenklee *(Trifolium alpinum)*, Weißklee *(Trifolium repens)*, Echter Wundklee *(Anthyllis vulneraria)*, Vogelwicke *(Vicia cracca)*, Zottige Wicke *(Vicia villosa)*, Alpen-Tragant *(Astragalus

Die Gartenhummel *(Bombus hortorum)*, hier ein Männchen, erreicht mit ihrem langen Rüssel leicht die Nektarien tief in den Blüten des Echten Wundklees *(Anthyllis vulneraria)*. Schleswig-Holstein, 4.7.2021.

Die Vogelwicke *(Vicia cracca)* ist eine beliebte Nahrungspflanze zahlreicher Hummeln, hier der Mooshummel *(Bombus muscorum)*. Mecklenburg-Vorpommern, 25.6.2024.

alpinus), Wiesen-Platterbse *(Lathyrus pratensis)*, zahlreiche weitere Arten.

— Lippenblütler (Lamiaceae): Purpurrote Taubnessel *(Lamium purpureum)*, Weiße Taubnessel *(Lamium album)*, Weiße Braunelle *(Prunella laciniata)*, Gewöhnlicher Wirbeldost *(Clinopodium vulgare)*, Großer Klappertopf *(Rhinanthus serotinus)*, Kriechender Günsel *(Ajuga reptans)*, Lavendel (*Lavandula* sp.), zahlreiche weitere Arten.

— Raublattgewächse (Boraginaceae): Echter Natternkopf *(Echium vulgare)*, Italienischer Natternkopf *(Echium italicum)*, Gewöhnliche Ochsenzunge *(Anchusa officinalis)*, Echter Beinwell *(Symphytum officinale)*.

— Hahnenfußgewächse (Ranunculaceae): Gelber oder Wolfs-Eisenhut *(Aconitum lycoctonum)*, Blauer Eisenhut *(Aconitum napellus)*, Rispen-Eisenhut *(Aconitum degenii)*, Nördlicher Eisenhut *(Aconitum septentrionale)*.

Die Purpurrote Taubnessel *(Lamium purpureum)* ist eine der am stärksten frequentierten Hummelpflanzen zu Frühlingsbeginn. An diesem Standort bei Graz konnte unter anderem die Tonerdhummel *(Bombus argillaceus)* beobachtet werden. Österreich, Steiermark, 13.4.2025.

An Weißer Taubnessel *(Lamium album)* lassen sich zuverlässig alle seltenen, langrüsseligen Hummeln antreffen, die in der Nähe vorkommen, an diesem Ort beispielsweise die Erdbauhummel *(Bombus subterraneus)*. Finnland, Helsinki, 8.7.2025.

Massenbestand des Gewöhnlichen Natternkopfs *(Echium vulgare)* in der Döberitzer Heide. Brandenburg, 20.6.2022.

Einige Hummeln zeigen innerhalb dieser Pflanzenfamilien ganz besondere Präferenzen. Die Deichhummel *(Bombus distinguendus)* ist bekannt dafür, dass ihre Vorkommen eng an große Rotkleebestände gebunden sind. Auch andere seltene Arten wie Erdbauhummel *(B. subterraneus)*, Grashummel *(B. ruderarius)*, Mooshummel *(B. muscorum)*, Sandhummel *(B. veteranus)* und Veränderliche Hummel *(B. humilis)* profitieren stark von einer üppigen Rotkleeblüte. Purpurrote und Weiße Taubnessel sind von März bis Juni Magneten für fast alle Hummeln. Lavendel lockt vor allem als Nektarquelle in Gärten und Parkanlagen viele Hummeln an, in großer Zahl auch die Männchen. Natternkopf, Ochsenzunge und Beinwell blühen über viele Wochen hinweg von Mai bis August, liefern reichlich Nektar und auch Pollen und sind für fast alle Hummeln äußerst attraktiv. Besonders speziell ist die Anpassung der Eisenhuthummeln *(Bombus gerstaeckeri, B. consobrinus)* an Eisenhut. Diese Hummeln kann man tatsächlich als oligolektisch bezeichnen, weil sie anderen Pflanzengattungen praktisch keine Beachtung schenken. Für *Bombus gerstaeckeri* ist in den Alpen die Kombination aus Gelbem Eisenhut und den später blühenden blauen Eisenhutarten bedeutsam, damit die gesamte Flugsaison abgedeckt ist.

Gewöhnliche Ochsenzunge *(Anchusa officinalis)* in der Döberitzer Heide. Brandenburg, 14.8.2025.

Daneben nutzen aber auch andere langrüsselige Hummeln wie Gartenhummel *(B. hortorum)* oder Trughummel *(B. mendax)* häufig Eisenhut. Die Bergwaldhummel *(B. mastrucatus)* sammelt dort Pollen, erreicht aber den Eisenhut-Nektar mit

Mooshummel *(Bombus muscorum)* und Schneehummel *(Bombus niveatus)* an Italienischem Natternkopf *(Echium italicum)*. Griechenland, Westmakedonien, 23.6.2025.

An solchen Beständen von Nördlichem Eisenhut *(Aconitum septentrionale)* lassen sich in Skandinavien stets zahlreiche Hummeln beobachten. Norwegen, Innlandet, 19.7.2023.

Ein großer Bestand der Alpen-Kratzdistel *(Cirsium spinosissimum)* auf rund 2.300 m Höhe. Österreich, Salzburg, 24.8.2024.

Disteln sind für Hummelmännchen im Sommer eine äußerst wichtige Nahrungsressource. Hier sind Feld- und Böhmische Kuckuckshummel *(Bombus campestris, B. bohemicus)* auf Krauser Ringdistel *(Carduus crispus)* zu sehen. Schweden, Gävleborg, 23.7.2024

Flockenblumen spielen im Hochsommer eine ähnlich große Rolle für Hummeln wie Disteln. Hier ein Männchen der Feldkuckuckshummel *(Bombus campestris)* auf Rispen-Flockenblume *(Centaurea stoebe)*. Brandenburg, 20.7.2019.

ihrem kurzen Rüssel nur durch Nektarraub, wobei man sie sehr regelmäßig beobachten kann. Sie beißt mit ihren gezähnten Mandibeln die Blüte auf und gelangt so von außen auf kurzem Wege an die Nektarien. In der Folge fliegen Bergwaldhummeln die vorhandenen Löcher gezielt an und tauchen schnell ihren Rüssel hinein.

Auch Erdhummeln beißen Blüten mit tiefen Kelchen an der Basis oder am Sporn auf, um Nektar zu stehlen. Honigbienen *(Apis mellifera)* nutzen regelmäßig die von Hummeln geschaffenen Löcher und schließen sich dem Diebstahl an.

Korbblütler spielen für Hummeln ebenfalls eine große Rolle, darunter folgende Arten:

— Korbblütler (Asteraceae): Gewöhnliche Kratzdistel *(Cirsium vulgare)*, Acker-Kratzdistel *(Cirsium arvense)*, Kohl-Kratzdistel *(Cirsium oleraceum)*, Alpen-Kratzdistel *(Cirsium spinosissimum)*, Verschiedenblättrige Kratzdistel *(Cirsium helenioides)*, Krause Ringdistel *(Carduus crispus)*, Alpen-Distel *(Carduus defloratus)*, Filzige Milchfleckdistel *(Galactites tomentosus)*, Große Klette *(Arctium lappa)*, Wiesen-Flockenblume *(Centaurea jacea)*, Skabiosen-Flockenblume *(Centaurea scabiosa)*, Rispen-Flockenblume *(Centaurea stoebe)*, Berg-Flockenblume *(Centaurea montana)*, Schwarze Flockenblume *(Centaurea nigra)*, Gewöhnliche Goldrute *(Solidago virgaurea)*, Alpenscharte *(Saussurea alpina)*, Löwenzahn *(Taraxacum officinale)*, Rainfarn *(Tanacetum vulgare)*.

Im Hochsommer sind Disteln, Flockenblumen und Kletten überaus wichtige Nahrungsquellen insbesondere für die Männchen, aber auch die Arbeiterinnen. Die Männchen verschiedener Kuckuckshummeln können an Wald- und Wegrändern oft in großer Zahl dabei beobachtet werden, wie sie sich träge durch Blütenkörbchen wühlen. In Skandinavien spielt die Gewöhnliche Goldrute eine ähnliche Rolle. Löwenzahn ist für die Kuckuckshummel-Weibchen, aber auch einige andere Hummeln eine willkommene Nektarquelle im Frühjahr. Rainfarn ist ein Sonderfall, da er eigentlich für Hummeln keine große Attraktivität besitzt – außer für die aus dem Osten nach Mittel- und Nordeuropa eingewanderte Semenov-Hummel *(Bombus semenoviellus)*, nach der man auf Rainfarn gezielt suchen kann.

Sehr auffällig ist die Präferenz mehrerer Hummeln für Heidekrautgewächse in lichten Wäldern und im Offenland, unter anderem für folgende Arten:

— Heidekrautgewächse (Ericaceae): Heidelbeere *(Vaccinium myrtillus)*, Glockenheide *(Erica tetralix)*, Besenheide *(Calluna vulgaris)*, Rostblättrige Alpenrose *(Rhododendron ferrugineum)*.

Heidelbeerblüten sind von Ende April bis Mai, in Skandinavien noch im Juni eine ergiebige Pollen- und Nektarquelle für viele Hummelarten. Zu den Spezialisten zählen Heidehummel *(Bombus jonellus)* und Große Erdhummel *(Bombus magnus)*, die besonders von der Kombination aus Heidelbeerblüten im Frühjahr und Besenheide im Spätsommer profitieren, sowie die Gebänderte Taigahummel *(Bombus cingulatus)* in Skandinavien. Alpenrosen werden in den Alpen und Pyrenäen von zahlreichen Gebirgshummeln aufgesucht.

Hummeln und Blüten

Mit ihrem langen Rüssel dringt die Nordische Eisenhuthummel *(Bombus consobrinus)* zu den Nektarien tief im Helm des Nördlichen Eisenhuts vor.

Schrencks Hummel *(Bombus schrencki)* auf einem Blütenstand der Großen Klette *(Arctium lappa)*. Finnland, Helsinki, 10.7.2025.

Heidelbeerblüten *(Vaccinium myrtillus)* sind eine wichtige Nahrungsquelle für Hummeln, die Heidehummel *(Bombus jonellus)* ist ihrerseits ein wichtiger Bestäuber. Brandenburg, 11.4.2024.

Daneben gibt es noch einige weitere Pflanzen, an denen sich Hummeln in großer Zahl beobachten lassen, zum Beispiel:

— Weidengewächse (Salicaceae): Weiden (*Salix* sp.); Nachtkerzengewächse (Onagraceae): Schmalblättriges Weidenröschen *(Epilobium angustifolium)*; Rosengewächse (Rosaceae): Himbeere *(Rubus idaeus)*, Brombeeren (*Rubus* sect. *Rubus*); Glockenblumengewächse: Glockenblumen (*Campanula* sp.), Bergsandglöckchen *(Jasione montana)*; Geißblattgewächse (Caprifoliacea): Acker-Witwenblume *(Knautia arvensis)*, Teufelsabbiss *(Succisa pratensis)*.

Blühende Weidenbüsche wie die Salweide *(Salix caprea)* liefern den Königinnen mehrerer Hummelarten ein reiches Angebot an Pollen und Nektar vor und während der Nestgründung im zeitigen Frühjahr. Das Schmalblättrige Weidenröschen ist mit seinen riesigen Blütenständen im Sommer eine beliebte Nahrungsquelle verschiedener Hummeln und wird auch von den Männchen intensiv genutzt. Die Taiga-Erdhummel *(Bombus sporadicus)* zeigt in Skandinavien sogar eine starke Präferenz für diese Pflanze. Himbeer- und Brombeerblüten sind auf Lichtungen und an Wald- und Wegrändern von großer Bedeutung – Himbeeren ganz besonders für die Hummeln, deren Völker sich früh entwickeln, wie Wiesenhummel *(Bombus pratorum)* und Baumhummel *(B. hypnorum)*. Glockenblumen sind nicht nur, aber ganz besonders für die Glockenblumenhummel *(Bombus soroeensis)* attraktiv. Sie nutzt auch andere Pflanzen, zeigt aber eine sehr deutliche Präferenz für Glockenblumen, wenn diese an einem Standort größere Bestände bilden. Die Vorliebe der Männchen für Distelblüten hat dieser Hummelart einst den heute nicht mehr so gebräuchlichen Namen Distelhummel eingetragen. Die Acker-Witwenblume, aber auch Teufelsabbiss und Bergsandglöckchen sind für Hummeln aufgrund ihrer dichten Blütenstände mit leicht zugänglichem Nektar ebenfalls wichtige Nahrungsquellen.

Die Bestäubungsleistung der Hummeln

Hummeln spielen eine wesentliche Rolle bei der Bestäubung zahlreicher Nutzpflanzen. Das kann man unter anderem im Garten zur Zeit der Obstbaumblüte sehen, wenn an kalten Tagen kaum Honigbienen fliegen. Hummeln sind aufgrund ihrer ausgeprägten Fähigkeit zur Thermoregulation auch bei niedrigen Temperaturen um 5 °C aktiv. Da sie unter diesen Bedingungen sehr viel Nektar als Energiezufuhr benötigen, suchen sie täglich mehrere Tausend Blüten auf und tragen dabei Pollenkörner, die in ihrem Pelz haften geblieben

Glockenblumenhummel *(Bombus soroeensis)* mit blauen Pollenladungen in einer Blüte der Rundblättrigen Glockenblume *(Campanula rotundifolia)*. Schweden, Örebro, 19.7.2024.

Die Königin der Dunklen Erdhummel *(Bombus terrestris)* hat mächtige Pollenmassen an den Weidenblüten (*Salix* sp.) gesammelt.

sind, von Blüte zu Blüte. Die Pflanzenbestäubung erfolgt erheblich schneller und intensiver als bei Honigbienen.

Von besonderer Bedeutung ist das Vibrationssammeln des Pollens. Mit der Brustmuskulatur erzeugen Hummeln Vibrationsstöße in den Blüten, mit denen sie den Pollen aus den Staubbeuteln schütteln. Anschließend bürsten sie den Pollen aus ihrem Pelz und übertragen ihn, mit einem Tropfen Nektar vermengt, in die Körbchen an ihren Hinterschienen. Landet eine Hummel in einer Rosenblüte kann man die Vibrationen laut hören. Auch bei Tomaten und weiteren Nachtschattengewächsen ernten Hummeln den Pollen

Besenheide *(Calluna vulgaris)* in der Kyritz-Ruppiner Heide. Brandenburg, 23.8.2023.

auf diese Weise. Daher werden Erdhummelvölker weltweit in großer Zahl gehandelt und in Gewächshäusern, zunehmend aber auch im Freiland gehalten.
Langrüsselige Hummeln gewährleisten die effiziente Bestäubung und damit ausreichenden Samenansatz von Rotklee *(Trifolium pratense)* und Luzerne *(Medicago sativa)*, in der Landwirtschaft als Futterpflanzen und für die Bodenverbesserung bedeutsam. Nur sie gelangen mühelos an die Nektarien, die tief am Grund der Blüte liegen. Zur Rotkleebestäubung exportierte man daher um das Jahr 1885 herum Gartenhummel *(B. hortorum)*, Feldhummel *(B. ruderatus)* und Erdbauhummel *(B. subterraneus)* ebenso wie die kurzrüsselige Dunkle Erdhummel *(B. terrestris)* nach Neuseeland. Alle vier Arten haben sich etabliert und kommen dort heute noch vor. Der mittlerweile weltweite Einsatz europäischer Hummelarten im Land- und Gartenbau hat nicht nur positive Effekte: Seit der Einführung von Feldhummel und Dunkler Erdhummel als Bestäuber von Tomaten, Avocados und Blaubeeren in Chile erweisen sich beide Arten, insbesondere die Dunkle Erdhummel, als gefährliche

Ackerhummel *(Bombus pascuorum)* an einer Apfelblüte *(Malus domestica)*. Saarland, 3.5.2013.

Konkurrenten der größten Hummel der Welt. Die auch als „Fliegende Maus" bezeichnete, bis 4 cm lange *Bombus dahlbomii* steht in ihrer Heimat Patagonien am Rande der Ausrottung. Eine Ursache liegt neben der direkten Nahrungskonkurrenz in der Übertragung von Krankheitserregern.

Ausgedehnter Bestand des Schmalblättrigen Weidenröschens *(Epilobium angustifolium)*, auch Großes Feuerkraut genannt. Schweden, Norbotten, 27.7.2024.

DER LEBENSZYKLUS DER HUMMELN

Überwinterung und Nistplatzsuche zu Frühlingsbeginn

Hummelköniginnen, die im Sommer oder Herbst nach dem Ausfliegen aus ihrem Heimatnest von Männchen begattet worden sind, suchen sich nach kurzer Zeit, oft noch im Sommer, einen Platz zur Überwinterung. Im Boden, in einem Komposthaufen oder in morschem Totholz verbringen sie die kalten Wintermonate reglos in einer kleinen, selbst gegrabenen Kammer. Das körpereigene Frostschutzmittel Glycerin bewahrt sie vor dem Erfrieren auch bei Temperaturen von nahezu –20 Grad Celsius.

Im Frühjahr verlassen die Königinnen ihren geschützten Ort und suchen nach blühenden Pflanzen. Mit reichlich Nektar füllen sie ihre Energiereserven auf. Dunkle Erdhummel *(Bombus terrestris)*, Baumhummel *(B. hypnorum)* und Wiesenhummel *(B. pratorum)* fliegen in milden Jahren in Mitteleuropa schon Ende Februar oder im Laufe des März, einige langrüsselige Arten wie Deichhummel *(B. distinguendus)* und Mooshummel *(B. muscorum)* erscheinen oft erst im Mai.

Nach der Phase der ersten Nahrungsaufnahme beginnt jede Königin mit der Suche nach einem geeigneten Nistplatz. Einige Arten, wie die danach benannten Erdhummeln, nisten fast immer unterirdisch, andere bevorzugen hoch gelegene Nistplätze wie Baumhöhlen oder Vogelnistkästen – der Name der Baumhummel weist darauf hin. In den ober- oder unterirdischen Höhlungen liefern verlassene Nester von Kleinsäugern wie Mäusen, Spitzmäusen und Maulwürfen oder von Vögeln weiches, wärmendes Material aus trockenen Grashalmen, Blättern, Moos, Haaren oder auch Federn. Dies zernagt die Hummelkönigin und formt daraus eine Kugel, in der sie ihre runden, aufrecht stehenden Brutzellen aus Wachs anlegt. Manchmal werden Mäuse oder Vögel von der bedrohlich brummenden Hummel sogar aus ihrem Nest vertrieben. Viele Hummelarten nisten gern in verfilzten Grasbüscheln oder Moospolstern. Im Gegensatz zu den zuvor beschriebenen „Nestbeziehern" müssen diese „Nestbauer" das in der nächsten Umgebung verfügbare Pflanzenmaterial nutzen oder sogar über kurze Strecken herbeischaffen, um eine geeignete Nesthülle her-

Eine überwinternde Erdhummel-Königin (*Bombus terrestris* s. l.) im Totholz. Baden-Württemberg, Nationalpark Schwarzwald, 19.2.2021.

Eine Königin der Großen Erdhummel *(Bombus magnus)* hat auf Nistplatzsuche am Waldboden soeben ein unterirdisches Kleinsäugernest inspiziert. Brandenburg, 27.4.2023.

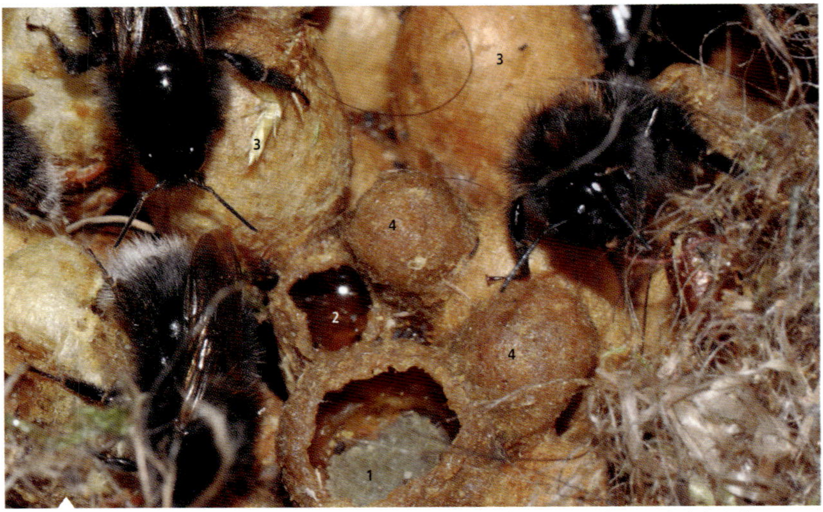

Blick in ein Baumhummelnest *(Bombus hypnorum)* in einem Vogelnistkasten. Zu erkennen sind ein Pollen-Vorratsbehälter (1), ein gut gefülltes Nektartöpfchen (2), gelbe Puppenkokons (3), dunklere Wachszellen von heranwachsenden Larven (4) und drei Baumhummel-Arbeiterinnen. Da dieses Nest von einer Norwegischen Kuckuckshummel *(Bombus norvegicus)* übernommen wurde, befinden sich in den Brutzellen möglicherweise bereits ihre Nachkommen. Brandenburg, 29.5.2022.

zustellen. Manche Arten wie die Ackerhummel *(B. pascuorum)* sind sehr kreativ in der Wahl ihres Nistplatzes und können beispielsweise in Grasbüscheln, Scheunen oder Vogelnistkästen nisten. Die Suchflüge der Hummelköniginnen im Frühjahr dicht über dem Boden, bei denen sie alle möglichen Hohlräume inspizieren, sind sehr auffällig und kündigen für viele Menschen im Garten den Frühling an.

Die Entwicklung des Hummelvolkes

Im Nest baut die Königin eine erste Brutzelle aus Wachs, das sie aus Drüsen an der Unterseite ihres Hinterleibs abscheidet. Auf dem Boden der Brutzelle formt sie aus Pollen und Nektar ein „Bienenbrot" als Nahrungsvorrat für die künftigen Larven. Darauf legt die Königin bis zu 16 Eier. Die Zelle wird verschlossen und von der Königin gewärmt. Parallel zur ersten Brutzelle errichtet sie nahe am Nesteingang ein etwa zwei Zentimeter hohes Nektartöpfchen aus Wachs. Der hier angesammelte Nektar dient der Königin als Vorrat für Zeiten mit ungünstigem Wetter und als Treibstoff für die Erzeugung der Körperwärme, mit der sie ihren Nachwuchs regelrecht ausbrütet. Sobald die Larven geschlüpft sind und ihren Pollenvorrat vertilgt haben, beißt die Königin das Wachs der Brutzelle auf und füttert die heranwachsenden Larven. Im Laufe der Zeit wird die Brutzelle zu einem blasigen Gebilde vergrößert, um den Larven Platz zu bieten. Nach gut einer Woche spinnt sich jede Larve einen eigenen, gelblichen Kokon, in dem sie sich verpuppt. Die Königin baut die alte Wachswand ab und nutzt das Material, um auf den Kokons neue Brutzellen zu errichten, in die sie wiederum Eier legt. Wenn die ersten Arbeiterinnen aus den Puppenkokons schlüpfen, beginnen sie mit der Übernahme vieler Arbeiten: Sie sammeln Pollen und Nektar, errichten Nektartöpfe und füttern die Larven. Der eingetragene Pollen wird nach den Sammelflügen bei kurzrüsseligen Arten wie Erd-, Stein- und Wiesenhummel in den ehemaligen, mit Wachs verlängerten Puppenkokons als Vorrat gelagert und von dort aus an die Larven verfüttert. Hummeln mit dieser Methode der Brutfürsorge nennt man „Pollenstorer". Langrüsselige Arten wie Acker- und Gartenhummel bringen den Pollen in Wachstaschen direkt an den Brutzellen ein und werden als „Pocketmaker" bezeichnet. Durch eine Öffnung zur Brutzelle fressen die Larven eigenständig aus diesen Vorratstaschen.

Zwei Arbeiterinnen der Lapplandhummel *(Bombus lapponicus)* im Nest auf den großen Puppenkokons von Geschlechtstieren. Norwegen, Troms, 28.7.2025.

Der Lebenszyklus der Hummeln

Die Königin konzentriert sich nach dem Schlüpfen der Arbeiterinnen auf die Eiablage. Die ersten Arbeiterinnen können sehr klein sein, weil sie in ihrer Entwicklung noch ganz von der begrenzten Nahrungsmenge abhängig gewesen sind, die die Königin allein herbeischaffen konnte. Später schlüpfende Arbeiterinnen sind oft deutlich größer. Mit einem Pheromon unterdrückt die Königin die Entwicklung der Ovarien bei den Arbeiterinnen, so dass diese zunächst keine Eier legen können. Sie selbst legt befruchtete Eier mit Hilfe des Spermas, das sie in der Spermathek, einer „Vorratstasche" in ihrem Hinterleib, nach der Paarung im vorherigen Jahr eingelagert hat.
Das Hummelvolk hält die Temperatur im Nest auf einem Niveau von 30–32 °C. Ist der Höhepunkt der Volksentwicklung erreicht, schlüpfen die Geschlechtstiere: Jungköniginnen, die deutlich größer sind als Arbeiterinnen, und Männchen oder Drohnen, die stets aus unbefruchteten Eiern hervorgehen. Manchmal legen zu einem späten Zeitpunkt, wenn die Königin geschwächt oder gestorben ist, auch Arbeiterinnen unbefruchtete Eier, aus denen Männchen hervorgehen. Der Zeitpunkt für das Schlüpfen der Geschlechtstiere ist von Art zu Art verschieden: Bei vielen Hummeln liegt er zwischen Mitte Juli und Mitte August. Bei Wiesenhummel *(B. pratorum)* und Baumhummel *(B. hypnorum)* fliegen die Jungköniginnen und Männchen schon zwischen Ende Mai und Anfang Juli aus. Es gibt aber auch späte Arten, die in Mitteleuropa erst zwischen Mitte August und Mitte Oktober Geschlechtstiere produzieren. Die Größe des Volkes zu dieser Zeit ist auch artspezifisch und variiert zwischen 50 und 600 Individuen. Sehr große Völker können rund 100 Jungköniginnen hervorbringen.
Der Lebenszyklus von Hummelvölkern hängt auch von der Region ab: Am Polarkreis oder im Hochgebirge sind die Sommer kurz, und die Zeit reicht meist nicht für mehrere Arbeiterinnenbruten. Andererseits sind einige Arten in der Lage, bei einem günstigen Verlauf des Sommers zwei Generationen im Jahr hervorzubringen. In diesem Fall gründen Jungköniginnen unmittelbar nach dem Schlüpfen und der Paarung im Frühsommer ein neues Nest. Daraus gehen im Spätsommer die Jungköniginnen hervor, die überwintern. Ein solcher bivoltiner Jahreszyklus ist bei Gartenhummel *(B. hortorum)*, Heidehummel *(B. jonellus)* und Wiesenhummel *(B. pratorum)* belegt. Auch die Dunkle Erdhummel kann zwei Generationen im Jahr produzieren. Insbesondere im Mittelmeerraum kann sie sogar im Herbst oder Winter Völker gründen und

Eisenhuthummeln *(Bombus gerstaeckeri)* im Nest. Rechts die große Königin, deren Haare auf dem Thorax bereits abgerieben sind („Spiegelglatze"), neben ihr zwei unterschiedlich große Arbeiterinnen.

bei den dort vorherrschenden milden Temperaturen versorgen. Zunehmend werden Dunkle Erdhummeln auch in England zu jeder Jahreszeit beobachtet. Dies wird offenbar durch wärmere Winter und rund ums Jahr blühende Zierpflanzen in den Städten begünstigt.

Partnerfindung und Paarung

Nach dem Schlüpfen verbringen Männchen in der Regel noch einige Tage im Nest. Wenn sie es verlassen, kehren sie in den meisten Fällen nicht mehr zurück. Es ist von nun an ihr Lebensziel, sich mit mindestens einer Jungkönigin zu paaren. In wenigen Fällen dringen sie dafür in andere Nester ein. Dieses Verhalten zeigen die Männchen der Berghummel *(B. mesomelas)*. In anderen Fällen, etwa bei Grashummel *(B. ruderarius)* und Erdbauhummel *(B. subterraneus)*, schwärmen die Männchen vor dem Nesteingang in Erwartung der Jungköniginnen. Bei den meisten Hummelarten spielen Duftstoffe der Männchen eine entscheidende Rolle bei der Partnerfindung. Sie sind artspezifisch zusammengesetzt, so dass ihre genaue chemische Analyse ein wichtiges Kriterium bei taxonomischen Festlegungen ist, also beispielsweise bei der Entscheidung, ob die Populationen nah verwandter Hummeln als getrennte Arten zu betrachten sind

Mit Drüsensekreten markiert ein Eisenhuthummel-Männchen die Oberfläche eines Blattes. Österreich, Salzburg, 21.8.2024.

oder nicht. Das ist auch naheliegend, denn die Männchen wollen mit ihren Pheromonen nur Jungköniginnen der eigenen Art in ihr Revier locken. Mit speziellen Haarbüscheln an ihren Kiefern, den sogenannten Barbae mandibularis, verteilen die Männchen ihre duftenden Labialdrüsensekrete auf artspezifisch bevorzugten Landmarken, also auf Kräutern, auf den Blättern

Eine Arbeiterin im Eisenhuthummel-Nest. Links eine Brutzelle mit fast ausgewachsenen Larven, am unteren Bildrand sind in der Mitte und rechts Nektartöpfchen zu erkennen.

Eine Steinhummel-Paarung *(Bombus lapidarius)* im Garten. Schleswig-Holstein, 10.7.2021.

von Büschen, in der Baumwipfelregion oder am Fuß von Baumstämmen. Immer wieder fliegen sie auf schleifenförmigen Bahnen die markierten Punkte an, oft wochenlang in gleicher Abfolge, bis sie auf eine Jungkönigin treffen und sich mit ihr paaren. Mehrere Männchen können dieselben Duftbahnen nutzen. Die Männchen von Samthummel *(B. confusus)* und Trughummel *(B. mendax)* verfolgen eine andere Strategie: Sie markieren mit ihren Duftstoffen exponierte Aussichtswarten auf Pflanzen oder Steinen. Hierher kehren sie immer wieder zurück und behalten mit ihren großen Augen die Umgebung im Blick. Verdächtigen Flugobjekten jagen sie sofort nach.

Die energieraubende Lebensweise erfordert viel Nachschub, so dass auch Hummelmännchen eifrige Blütenbesucher sind, um Nektar zu trinken. Ihre Lebensdauer beträgt maximal 6–8 Wochen. Hummeln paaren sich nicht in der Luft, sondern stets auf Pflanzen oder am Boden. Obwohl im Hochsommer zahlreiche Männchen und Jungköniginnen zeitgleich erscheinen, sind Beobachtungen von Paarungen im Freiland ausgesprochen selten.

Auch wenn es einigen Arten wie der Ackerhummel *(B. pascuorum)* gelingen kann, im Laufe des Sommers mehrere Schübe von Geschlechtstieren hervorzubringen, läutet das Erscheinen von Männchen und Jungköniginnen doch letztlich das Ende des Hummelvolkes ein. Die alte Königin, die bis zu 15 Monate gelebt hat, stirbt ebenso wie alle Arbeiterinnen und Männchen, und nur die begatteten Jungköniginnen haben eine Chance, den Winter in ihren Verstecken zu überstehen, um im nächsten Jahr ganz auf sich allein gestellt neue Völker zu gründen.

Berglandhummel-Paarung (*Bombus monticola* ssp. *scandinavicus*) auf Blüten der Gewöhnlichen Goldrute *(Solidago virgaurea)*. Das Männchen ist schon stark verblasst, das Weibchen trägt zahlreiche Milben mit sich. Norwegen, Nordland, 31.7.2024.

KUCKUCKSHUMMELN

Merkmale von Kuckuckshummel-Weibchen

Nicht alle Hummelarten machen sich die Mühe, selbst ein Nest zu gründen und Arbeiterinnen zu produzieren, die bei der Aufzucht von fortpflanzungsfähigem Nachwuchs helfen. Neun Arten zählen in Europa zur Untergattung der Kuckuckshummeln *(Psithyrus)*. Ihre Weibchen dringen in die Nester bestimmter sozialer Hummelarten ein und lassen deren Arbeiterinnen ihren eigenen Nachwuchs aufziehen.

Kuckuckshummel-Weibchen erscheinen recht spät im Frühjahr. Von April bis Juni kann man sie beim Nektartrinken auf Blüten beobachten. Sie lassen sich recht gut als Kuckuckshummeln identifizieren, auch wenn die Artbestimmung oft kompliziert ist: Ihre Flügel sind dunkelbraun, manchmal fast schwarz. Der Hinterleib ist spärlich behaart, die kräftige Cuticula glänzt daher meist auffällig hervor. Die Hinterleibsspitze ist zumindest leicht nach unten angewinkelt, bei mehreren Arten auch deutlich unter dem Körper nach vorn gekrümmt. In der Regel bewegen sie sich ruhig und träge auf den Blüten. Da sie niemals Pollen sammeln, besitzen sie keine Körbchen (Corbiculae), sondern die Außenseite ihrer Hinterschienen ist gleichmäßig dicht behaart.

Die „Eroberung" eines fremden Volkes

Im fortgeschrittenen Frühjahr begibt sich jedes Kuckuckshummel-Weibchen auf die Suche nach einem geeigneten Wirtsnest. Dieses spürt es über den Duft auf – wohl auch über Duftspuren, die die Arbeiterinnen beim Ein- und Ausfliegen hinterlassen. Wenn das Weibchen in das Nest eindringt, kann es von den Arbeiterinnen heftig attackiert werden. Sind bereits sehr viele Arbeiterinnen im Nest, kann es ihnen gelingen, die Kuckuckshummel zu töten. Allerdings besitzen Kuckuckshummeln einen dicken Chitinpanzer, der schwer zu durchdringen ist, und einen besonders kräftigen Stachel. Mit ihrem gekrümmten Hinterleib können sie die Arbeiterinnen umklammern, quetschen und gezielt stechen. Im Nest verstecken sich Kuckuckshummel-Weibchen möglichst schnell, um den Nestgeruch anzunehmen und damit weiteren Angriffen der Arbeiterinnen aus dem Weg zu gehen. In vielen Fällen kommt es auch zu heftigen Kämpfen mit der Königin, die von der Kuckuckshummel schließlich getötet oder vertrieben wird. So gilt die Felsenkuckuckshummel *(Bombus rupestris)* als sehr aggressiv gegenüber der Königin der Steinhummel *(B. lapidarius)*. Einige Kuckuckshummelarten können aber auch mit der Königin des Wirtshummel-

Fast alle Kuckuckshummeln trinken im Frühjahr sehr gern Nektar an Löwenzahnblüten *(Taraxacum officinale)*, in diesem Fall eine Felsenkuckuckshummel *(Bombus rupestris)*. Kennzeichnend für Kuckuckshummeln sind die fehlenden Körbchen, der durchscheinende Chitinpanzer und die dunklen Flügel. Schweden, Uppsala, 1.6.2025.

Das auffallend große Weibchen der Norwegischen Kuckuckshummel *(Bombus norvegicus)* hat sich im Zentrum eines Nestes der Baumhummel *(Bombus hypnorum)* positioniert. Brandenburg, 29.5.2022.

Mitte Juli ist die Hauptflugzeit vieler Kuckuckshummel-Männchen. Hier trinken Felsenkuckuckshummel *(Bombus rupestris)* und im Hintergrund Gefleckte Kuckuckshummel *(Bombus vestalis)* Nektar an Brombeerblüten. Sachsen-Anhalt, 12.7.2020.

Nur wenige Sekunden dauerte diese Paarung der Böhmischen Kuckuckshummel. Die Farben des Männchens sind schon stark verblasst. Schweden, Örebro, 19.7.2024.

Felsenkuckuckshummel-Männchen markieren im Rahmen ihrer Patrouillenflüge auf der Suche nach Weibchen immer wieder einzelne Pflanzen, Steine und ähnliche Strukturen in Bodennähe mit ihren Labia drüsensekreten – hier in den Alpen in über 2.500 m Höhe. Österreich, Salzburg, 23.8.2024.

volkes friedlich zusammenleben, was beispielsweise von der Waldkuckuckshummel *(Bombus sylvestris)* in Nestern der Wiesenhummel *(B. pratorum)* belegt ist.
Die Kuckuckshummel zerstört Zellen mit Eiern und Junglarven der Wirtshummel und baut aus deren Wachs eigene Brutzellen, in die sie möglichst schnell Eier legt. Die Larven der Kuckuckshummel entwickeln sich niemals zu Arbeiterinnen, sondern stets unmittelbar zu Geschlechtstieren, also vollwertigen Weibchen und Männchen. Ihre Entwicklung vollzieht sich schneller als die der Wirtshummeln. Im Juli und August sind die Jungweibchen eher selten, die Männchen oft sehr zahlreich auf Blüten zu beobachten.
Kuckuckshummel-Männchen sind ebenfalls gut an der durchgängigen Behaarung ihrer Hinterschienen zu erkennen; ihnen fehlt hier die glatte, glänzende Fläche, die bei den Männchen sozialer Hummeln ausgebildet ist. An Wegrändern bevölkern Kuckuckshummel-Männchen im Hochsommer regelmäßig Blüten von Disteln und Brombeeren, wo sie sich kaum von der Stelle rühren. Auch sie setzen mit ihren Labialdrüsensekreten Duftmarken in der Vegetation ab und fliegen diese im Verlauf der Suche nach Jungweibchen immer wieder an.

Einige Kuckuckshummeln sind auf eine bestimmte Wirtshummelart spezialisiert, andere können bei mehreren Arten parasitieren. Nicht alle Wirt-Kuckuck-Beziehungen sind vollständig erforscht. Das liegt unter anderem daran, dass ein Fund einer Kuckuckshummel in einem Nest nicht immer auf eine Übernahme hindeuten muss, denn Kuckuckshummeln nutzen Hummelnester manchmal auch nur als kurzfristigen Unterschlupf, um beispielsweise ungünstige Wetterphasen zu überstehen.

Weitere Kuckucke unter den Hummeln

Neben den „echten" Kuckuckshummeln, die in keinem Fall eigene Völker gründen können, gibt es noch einige weitere Arten, die andere Hummelvölker obligatorisch oder fakultativ übernehmen: Die sehr seltene Unerwartete Hummel *(Bombus inexspectatus)*, die bislang nur aus dem Kantabrischen Gebirge und den südlichen Alpen bekannt ist und dort an südexponierten Hängen in alpinen Lagen vorkommt, entwickelt sich offenbar ausschließlich in Nestern der Grashummel *(Bombus ruderarius)*. Erschwerend für gezielte Beobachtungen ist ihre extreme Ähnlichkeit mit der hellen Farbform der Grashummel. Beide Arten sind miteinander verwandt und zählen zur Unter-

Eine regionale Besonderheit Korsikas ist die ssp. *perezi* der Gefleckten Kuckuckshummel *(Bombus vestalis)*, hier ein Männchen auf der Blüte einer Zistrose (*Cistus* sp.). Ihr Wirt ist die endemische Rotbeinige Erdhummel *(Bombus xanthopus)*. Frankreich, Haute-Corse, 23.5.2024.

gattung *Thoracobombus*. In dieser Untergattung gibt es außerdem Arten, die gelegentlich die Völker anderer Arten übernehmen, obwohl sie sehr wohl eigene Völker gründen können. So dringen Königinnen der Sandhummel *(Bombus veteranus)* häufig in Nester der Veränderlichen Hummel *(B. humilis)* oder der Bunten Hummel *(B. sylvarum)* ein. Manchmal existieren mehrere Königinnen dieser Arten in einem Nest nebeneinander.

Innerhalb der Untergattung *Bombus* neigt die Dunkle Erdhummel *(Bombus terrestris)* ebenfalls zu Brutparasitismus und kann Völker der Hellen Erdhummel *(B. lucorum)* übernehmen.

In der skandinavischen Tundra übernimmt die Tundrahummel *(Bombus hyperboreus)* Nester der Polarhummel *(B. pyrrhopygus)*. Beide Arten gehören zur Untergattung *Alpinobombus*. Offenbar kann aber auch die Heidehummel *(B. jonellus)* als Wirt dienen. Eine Besonderheit der Tundrahummel besteht darin, dass die Königinnen in manchen Fällen selbst Pollen sammeln. Äußerst selten wurden auch schon Arbeiterinnen gefunden. Dies könnte darauf hindeuten, dass die Tundrahummel entweder das Wirtsvolk bei der Versorgung ihrer Brut unterstützt oder zur Gründung eigener Völker in der Lage ist.

In der Gebirgstundra Skandinaviens sind die Männchen der Gelben Alpenkuckuckshummel *(Bombus flavidus)* häufig zu beobachten. Norwegen, Innlandet, 22.7.2023.

Die skandinavischen Männchen der Vierfarbigen Kuckuckshummel *(Bombus quadricolor globosus)* sind auffallend bunt gefärbt. Schweden, Västmanland, 25.7.2024.

FRESSFEINDE, GEGENSPIELER UND NUTZNIESSER VON HUMMELN

Aufgrund ihres Stachels sind Hummeln vor den räuberischen Attacken vieler Feinde geschützt, die sich die kontrastreichen Farbmuster und das kräftige Brummen meist schon als abschreckende Signale gemerkt haben. Es gibt aber einige Räuber und andere Gegenspieler, die sich davon unbeeindruckt zeigen und Hummeln im Nest, im Flug oder beim Blütenbesuch gefährlich werden können. Die hier vorgestellten Beispiele zeigen auch die vielfältigen ökologischen Wechselwirkungen auf, in die Hummeln eingebunden sind. Alle natürlichen Gegenspieler zusammengenommen können Hummeln allerdings nicht ansatzweise so sehr schaden wie die fortschreitende Verschlechterung und Zerstörung ihrer Lebensräume durch den Menschen.

Zu den geschicktesten Feinden aller blütenbesuchenden Insekten zählen Krabbenspinnen (Familie Thomisidae). Sie spinnen keine Netze, sondern lauern oft hervorragend getarnt auf oder unter den Blüten. Zwei Arten stechen als besonders erfolgreiche Jäger auch wehrhafter Insekten wie Honigbienen und Hummeln hervor: Die Veränderliche Krabbenspinne *(Misumena vatia)* ist an blütenreichen, wärmebegünstigten Standorten auf feuchten und trockenen Wiesen, an Wald- und Wegrändern sowie in Gärten über nahezu ganz Europa verbreitet. Die Gehöckerte Krabbenspinne *(Thomisus onustus)* ist stärker an trockenwarme Standorte gebunden und daher in Nordeuropa deutlich seltener oder fehlend, im Mittelmeerraum hingegen sehr häufig. In Mitteleuropa breitet sie sich durch die zunehmende Erwärmung derzeit offenbar aus. Bei beiden Arten sind die erwachsenen Weibchen zu einem Farbwechsel befähigt und treten besonders oft in weißen oder gelben Farbvarianten, die Gehöckerte Krabbenspinne auch in Pink auf. Dadurch können sich die Krabbenspinnen der Blütenfarbe anpassen, was – etwa durch Einlagerung eines Farbstoffs in die äußere Zellschicht des Körpers oder durch Ausscheiden des Farbstoffs über den Kot – jedoch einige Tage in Anspruch nehmen kann. Nähert sich ein Insekt beim Blütenbesuch, überwältigt die Spinne ihre Beute durch einen gezielten Giftbiss in den Nacken und hält sie zusätzlich mit den Beinen fest. Die Beute kann erheblich größer als die Spinne selbst sein. Sie wird an Ort und Stelle ausgesaugt. Aus der Ferne erkennt man diese Situation oft daran, dass ein Insekt in eigentüm-

Eine Veränderliche Krabbenspinne *(Misumena vatia)* hat auf dem Blütenstand einer Acker-Witwenblume *(Knautia arvensis)* eine männliche Steinhummel *(Bombus lapidarius)* erbeutet. Saarland, 3.7.2011.

Zwischen den Blüten der Gelben Resede *(Reseda lutea)* hat eine Gehöckerte Krabbenspinne *(Thomisus onustus)* einer Steinhummel-Arbeiterin erfolgreich aufgelauert. Brandenburg, 2.7.2020.

licher Weise über den Rand einer Blüte oder eines Blütenstandes herabhängt.
Auch Gottesanbeterinnen (Ordnung Mantodea) erbeuten als Lauerjäger gelegentlich Hummeln beim Blütenbesuch. In Süd- und Mitteleuropa ist die Europäische Gottesanbeterin *(Mantis religiosa)* inzwischen weit verbreitet. Bis etwa zum Jahr 2000 war sie in Deutschland auf wenige Wärmeinseln, etwa am Kaiserstuhl und im westlichen Saarland, beschränkt. Seither hat sie sich von Südwesten und von Südosten her stark ausgebreitet und dringt immer weiter in den Norden vor. Sie kann grün oder braun gefärbt sein und zwischen den Blütenständen von Pflanzen geduldig auf Beute warten. Innerhalb von Sekundenbruchteilen schlägt sie mit ihren dornenbewehrten Fangbeinen zu, aus denen es so gut wie kein Entrinnen gibt. Dann beginnt sie an der nächstgelegenen Körperstelle ihre Beute zu verspeisen. Große Raubfliegen (Familie Asilidae) wie die seltene Hornissenraubfliege *(Asilus crabroniformis)* sind in der Lage, Hummeln zu ergreifen und mit Hilfe ihres Stechsaugrüssels augenblicklich zu lähmen. Auch Hornissen *(Vespa crabro)* können Hummeln überwältigen. Sie verfüttern bevorzugt die proteinreiche Brustmuskulatur an ihre Larven.

An den Blüten der Besenheide *(Calluna vulgaris)* frisst ein Weibchen der Europäischen Gottesanbeterin *(Mantis religiosa)* eine Erdhummel (*Bombus terrestris* s. l.) in Sielmanns Naturlandschaft Wanninchen. Brandenburg, 10.9.2021.

Eine Arbeiterin der Veränderlichen Hummel *(Bombus humilis)* ist an den Blüten des Italienischen Natternkopfs *(Echium italicum)* zur Beute dieser Gehöckerten Krabbenspinne geworden. Griechenland, Westmakedonien, 23.6.2025.

Neuntöter *(Lanius collurio)* wie dieses Männchen in Sielmanns Naturlandschaft Döberitzer Heide jagen von Sitzwarten aus bevorzugt Großinsekten. Brandenburg, 19.5.2022.

Die meisten Vögel halten sich an weniger wehrhafte Insekten und erbeuten nur gelegentlich Hummeln, aber einige Arten haben es auf Großinsekten wie Hummeln als Beute abgesehen und entfernen diesen sogar die Giftstachel, bevor sie sie fressen. Ein solcher Spezialist ist der Neuntöter *(Lanius collurio)*, der neben Insekten auch kleine Wirbeltiere wie Feldmäuse erbeutet. Er bevorzugt offene und halboffene Landschaften mit einzelnen Büschen. Die Jagd erfolgt von solchen Sitzwarten aus. Fluginsekten wie Hummeln werden in rasanten Stoßflügen ergriffen. Der Neuntöter ist bekannt dafür, seine Beute auf Stacheln und Dornen aufzuspießen. So kann er sie einerseits besser zerteilen, andererseits einen Vorrat für Tage mit schlechtem Wetter anlegen.

Diese Erdhummel wurde von einem Neuntöter als Beutevorrat aufgespießt. Bayern, 29.4.2024.

Im Zuge des Klimawandels breitet sich der farbenprächtige Bienenfresser *(Merops apiaster)* als Brutvogel in Mitteleuropa aus. Seine Nisthöhlen gräbt er in Steilwände, beispielsweise in Sandgruben oder ehemaligen Tagebauen. Er bevorzugt trockenwarme, sonnige Regionen. Heimisch ist er vor allem im mediterranen Raum. In Deutschland liegen seine Schwerpunkte in Baden-Württemberg und Sachsen-Anhalt, mittlerweile gibt es aber aus fast allen Bundesländern Brutnachweise.
Bienenfresser erbeuten Großinsekten wie Schmetterlinge, Libellen, Bienen und Wespen im Flug. Als Sitzwarten dienen meist trockene Äste. Hummeln werden wie andere Stechinsekten mit dem Hinterleib gegen eine Unterlage gerieben, so dass dort das Gift austritt. Auch andere Vögel können lernen, Hummeln geschickt zu erbeuten und dabei dem Giftstachel auszuweichen – be-

Das Bienenfresser-Männchen *(Merops apiaster)* überreicht dem Weibchen eine Wiesenhummel *(Bombus pratorum)* als Brautgeschenk. Sachsen-Anhalt, 3.6.2021.

Ein Weibchen der Hummel-Wachsmotte *(Aphomia sociella)* vor dem Eingang eines Vogelnistkastens, der von einem Baumhummelvolk *(Bombus hypnorum)* bezogen wurde. Brandenburg, 24.5.2022.

Junge Raupen der Hummel-Wachsmotte im Nistmaterial der Baumhummel. Brandenburg, 29.5.2022.

kannt ist dies vor allem von Kohlmeisen *(Parus major)*, die sich zum Beispiel an blühenden Bäumen auf Hummeln spezialisieren können.

Viel stärker im Verborgenen agieren die Gegenspieler von Hummeln, die in ihre Nester eindringen. Besonders bekannt ist dafür die Hummel-Wachsmotte *(Aphomia sociella)*, ein Kleinschmetterling aus der Familie der Zünsler (Pyralidae), der von Mai bis August nachts Hummelnester aufsucht. Die Weibchen, die im Gegensatz zu den etwas helleren und bunteren Männchen meist düster graubraun gefärbt sind, legen Eier in das Nistmaterial des Hummelvolkes ab, manchmal auch nur in den Eingangsbereich des Nestes. Die daraus schlüpfenden Raupen fressen sich gemeinschaftlich durch das Nistmaterial hindurch und befallen schließlich die Brutzellen. Hier ernähren sie sich von Wachs, Nahrungsvorräten und der Brut. Sie schützen sich durch ein sehr dichtes Gespinst. Im Umfeld des Nestes verpuppen sie sich in festen Kokons. Die Motten finden die Hummelnester aufgrund des Geruchs. Sie bevorzugen oberirdische Nester wie die der Baumhummel *(Bombus hypnorum)*. Baumhummelvölker produzieren oft schon im Frühsommer Jungköniginnen und Männchen, so dass diese der Vernichtung durch die Raupen entgehen können.

Bei einigen Mitbewohnern in Hummelnestern ist die Abgrenzung zwischen harmlosen Kommsensalen, die von Nahrungsresten oder Abfällen im Nest leben, und einer eher parasitischen oder räuberischen Lebensweise nicht ganz klar. Das gilt dann, wenn gelegentlich oder bei stärkerem Befall auch die Hummelbrut gefressen wird. Der Schimmelkäfer *Antherophagus nigricornis* (Familie Cryptophagidae) ist ein Beispiel für eine solche Lebensweise. Er gelangt ins Hummelnest, indem er sich an einer blütenbesuchenden Hummel festklammert. Seine Larven wachsen im Nistmaterial heran. Die Hummel-Fleischfliege (*Brachycoma devia*, Familie Sarcophagidae) ist hingegen eindeutig ein Räuber im Hummelnest, denn die lebendgebärenden Weibchen setzen ihre Larven in die Brutzellen ab, und die Fliegenlarven fressen

Vermutlich hat hier ein Dachs *(Meles meles)* in der Nacht ein Erdhummelnest ausgegraben. Einige Arbeiterinnen sind auf den verbliebenen Resten des Nistmaterials noch aktiv. Brandenburg, 22.6.2023.

Ein Männchen der Dunklen Wespendickkopffliege *(Conops flavipes)* auf den Blüten des Einjährigen Feinstrahls *(Erigeron annuus)*. Die Larven dieser Art entwickeln sich wohl vorrangig in Erdhummeln. Brandenburg, 18.7.2025.

Ein Paar der Gemeinen Breitstirnblasenkopffliege *(Sicus ferrugineus)* auf Blüten des Bergsandglöckchens *(Jasione montana)*. Ihr können verschiedene Hummelarten als Wirte dienen. Brandenburg, 3.7.2018.

Milben nutzen eine Königin der Dunklen Erdhummel *(Bombus terrestris)* als Transportmittel. Brandenburg, 6.4.2024.

schließlich die Hummellarven. Auch einige Ameisenwespen (Familie Mutillidae), deren recht bunt gefärbte Weibchen sehr schmerzhaft stechen können, dringen in Hummelnester ein. Die „Bienenameise" *(Mutilla europaea)* und wohl auch *M. marginata* legen ihre Eier in die Nistzellen der Hummeln hinein, wo ihre Larven die Hummellarven und -puppen fressen. Eine große Gefahr für Hummelnester geht von Füchsen und vor allem Dachsen aus, die auf ihren nächtlichen Streifzügen häufig Hummelnester ausgraben und die Brutzellen mitsamt den Vorräten und der Brut fressen. Auch andere Säugetiere wie Igel und Maulwürfe, Spitzmäuse, Ratten und Mäuse können Hummeln erbeuten und ihre Nester zerstören. Der Wespenbussard *(Pernis apivoris)* gräbt vorzugsweise Erdnester sozialer Faltenwespen (Vespinae) aus, verschmäht aber auch Hummeln und ihre Brut nicht. Er frisst Larven, Puppen und Nahrungsvorräte der Hummeln und fängt sogar die erwachsenen Tiere geschickt mit dem Schnabel.

Einige Gegenspieler breiten sich auch im Körperinneren von Hummeln aus. Dazu zählt neben verschiedenen Viren, Bakterien und Einzellern der zu den Microsporidien gehörende Pilz *Vairimorpha bombi* (bis 2020 als *Nosema bombi* bezeichnet), der Hummeln einen aufgeblähten Hinterleib, Durchfall und ein kürzeres Leben beschert. Die Weibchen des Fadenwurms *Sphaerularia bombi* dringen in Hummelköniginnen ein, während sie im Boden überwintern. In der Hummel entwickeln sich nach der Überwinterung die Larven dieses Nematoden, die sie in einem bestimmten Stadium verlassen und ihre Entwicklung im Boden vollenden. Die inneren Organe der Hummelkönigin sind zu diesem Zeitpunkt stark geschädigt, und sie ist nicht mehr in der Lage, Eier zu legen und Pollen zu sammeln, auch wenn sie zunächst noch ein typisches Nestgründungsverhalten zeigt.

Auch die Larven mehrerer Arten von Dickkopf- oder Blasenkopffliegen (Familie Conopidae) entwickeln sich in Hummeln. Dickkopffliegen sind häufige Blütenbesucher und fallen durch ihre großen, aufgetrieben wirkenden Köpfe auf. Einige Arten wie die Dunkle Wespendickkopffliege *(Conops flavipes)* schützen sich vor Fressfeinden, indem sie die schwarz-gelbe Warntracht wehrhafter Wespen nachahmen. Eine der häufigsten Arten ist die Gemeine Breitstirnblasenkopffliege *(Sicus ferrugineus)*. Die Weibchen legen Eier an oder – durch die Häute zwischen den Segmenten – in blütenbesuchenden Hummeln ab. Die Larven ernähren sich im Hummelkörper zunächst von der Hämolymphe (Körperflüssigkeit) und fressen vor dem Abschluss ihrer Entwicklung die lebenswichtigen Organe. Verpuppung und Überwinterung erfolgen in der Chitinhülle des Wirts. In jeder befallenen Hummel vollendet nur eine Dickkopffliegenlarve ihre Entwicklung, denn sie verzehrt gegebenenfalls weitere in der Hummel vorhandene Larven. Anders verhält es sich bei *Syntretus splendidus*, einer kleinen Brackwespe (Familie Braconidae). Beim Blütenbesuch werden die Hummeln zwischen Mai und Juli von den weiblichen Brackwespen aufgesucht, die Eiablage erfolgt durch die weichen Häute zwischen Kopf und Thorax in die Hummel hinein. Bis zu 77 Larven wurden schon in einer Hummel gefunden. Nach drei bis vier Wochen verlassen die ausgewachsenen Larven die Hummel, die kurze Zeit später stirbt. Sind Arbeiterinnen oder Männchen betroffen, hat dies für das Hummelvolk keine großen Auswirkungen. Eine befallene Hummelkönigin stellt jedoch die Eiablage ein, so dass das Volk zusammenbricht. Die Brackwespenlarven spinnen sich nach Verlassen des Wirts in Kokons im Boden ein. Darin finden Verpuppung und Überwinterung statt.

In der Fülle der unterschiedlichen Organismen, die von oder mit Hummeln leben, gibt es aber auch positive Wirkungen: Milben können als Mitbewohner die Vitalität von Hummelvölkern sogar stärken, indem sie sich räuberisch von Parasiten und anderen Räubern in Hummelnestern ernähren. Dies haben Untersuchungen mit der Milbe *Parasitellus fucorum* gezeigt. Milben nutzen insbesondere Hummelköniginnen oft als Transportmittel, um von einem Nest ins andere zu gelangen. Man sieht sie daher regelmäßig in größerer Zahl im Sommer an Jungköniginnen, die ihr Nest verlassen haben, und im zeitigen Frühjahr an den Königinnen vor der Nestgründung.

WENN DAS SUMMEN VERSTUMMT: GEFÄHRDUNG VON HUMMELN

Nur sieben Hummelarten sind in Mitteleuropa noch wirklich häufig. Dunkle und Helle Erdhummel *(Bombus terrestris* und *B. lucorum)*, Ackerhummel *(B. pascuorum)*, Baumhummel *(B. hypnorum)*, Wiesenhummel *(B. pratorum)*, Steinhummel *(B. lapidarius)* und Gartenhummel *(B. hortorum)* können guten Gewissens als Ubiquisten bezeichnet werden. Man findet sie fast überall, sogar mitten in der Stadt, in Gärten und Parkanlagen, an Böschungen und Wegrändern.

Eine Mooshummel *(B. muscorum)*, Deichhummel *(B. distinguendus)*, Sandhummel *(B. veteranus)* oder Samthummel *(B. confusus)* zu sichten, muss in den meisten Regionen Mitteleuropas inzwischen schon fast als Sensation gelten. Der Verlust von blütenreichen Wiesen und Weiden, Überdüngung, zu häufige Mahd und zusätzlich der Mangel an Nistplätzen durch die Vernichtung geeigneter Saumstrukturen zählen zu den Gefährdungsursachen von Hummeln. Die Änderung der Landnutzung im 20. Jahrhundert hat auf vielfältige Weise zur stetigen Verarmung der heimischen Hummelfauna beigetragen. So haben der Einsatz von Kunstdünger und die Gülle aus der Massentierhaltung, gemeinsam mit erhöhten Stickstoffeinträgen aus der Luft, dafür gesorgt, dass selbst mageres Grünland mit seinem großen Artenreichtum an Leguminosen, also Schmetterlingsblütlern wie Klee, Wundklee, Wicken und Esparsette, sich in stickstoffreiches Einheitsgrün verwandelt hat, das für Hummeln kaum Nahrungsquellen bereithält. Großfläche Äcker, insbesondere im Maisanbau, bieten ohnehin keiner Hummel Überlebensperspektiven. Die Beseitigung von kleinräumigen Strukturen wie Hecken, Feldrainen oder Gewässerrandstreifen hat die negativen Effekte verstärkt, zumal hier einst viele geeignete Neststandorte lagen

Es ist auffällig, dass die besonders gefährdeten Arten fast alle langrüsselig sind, also auf Blüten mit tiefen Kelchen wie Schmetterlings- und Lippenblütler angewiesen. Außerdem erscheinen diese Arten meist relativ spät im Jahr und können zur Zeit der Nestgründung nicht von den häufigen Frühblühern profitieren, sondern benötigen den Blütenreichtum von extensiv genutzten Wiesen und Weiden. Für viele dieser Arten lieferte der Anbau von Rotklee als Zwischenfrucht in der Landwirtschaft zwischenzeitlich eine hervorragende Alternative. Mittlerweile gehört aber auch diese Form der Bewirtschaftung weitgehend der Vergangenheit an. Die gezielte Vernichtung von Disteln als lästigen Acker- und Gartenunkräutern hat vielen Hummelarten ebenfalls eine wichtige

Die Deichhummel *(Bombus distinguendus)* zeigt eine starke Präferenz für Rotklee *(Trifoium pratense)* und wird europaweit immer seltener. Schottland, Orkney, 12.7.2018.

Nicht die Hauptursache des Hummelrückgangs – aber lokal als negativer Faktor sicher auch nicht zu vernachlässigen: Straßenverkehrsopfer, hier sogar eine Tundrahummel *(Bombus hyperboreus)*.
Norwegen, Innlandet, 22.7.2025.

Die Sammlungen des Museums für Naturkunde Berlin belegen eindrucksvoll, dass im Jahr 1940 noch ganze Serien von Königinnen, Männchen und Arbeiterinnen der Großen Steppenhummel *(Bombus fragrans)* am Neusiedler See in Österreich gesammelt werden konnten.

Nahrungsquelle genommen. Vielerorts bieten blütenreiche Straßenränder letzte Ressourcen, die unbedingt erhalten bleiben sollten – aber leider unter den Hummeln zahllose Verkehrsopfer fordern. Trifft es Königinnen im Frühjahr, bedeutet dies die Auslöschung eines gesamten potenziellen Hummelvolkes.

Eine viel ernsthaftere Gefährdungsursache liegt im Einsatz von Pestiziden, die auch dann negativ wirken können, wenn sie eigentlich gegen Pilze (Fungizide) oder Pflanzen (Herbizide) gerichtet sind. Dabei ist gar nicht unbedingt entscheidend, ob die chemischen Mittel, die in Landwirtschaft und Gartenbau zum Einsatz kommen, direkt tödlich für die sammelnden Insekten sind. Wenn der Orientierungssinn der Hummeln durch die Schädigung des Nervensystems verloren geht, können sie nicht mehr zur Versorgung des Volkes beitragen. Besonders berüchtigt ist die verheerende Wirkung verschiedener Neonicotinoide auf Hummeln.

Die attraktive Mooshummel bevorzugt Feuchtgebiete wie Moore und Feuchtwiesen und leidet unter der Austrocknung der Landschaft. Aber auch für alle anderen Hummelarten ist die Zunahme von Dürren in Europa kritisch, weil sie in manchen Jahren dafür sorgen, dass schon im Frühsommer fast sämtliche Nahrungspflanzen vertrocknen und nicht mehr blühen. Die immer stärkeren und häufigeren Hitzewellen dezimieren Hummeln, die fast alle anfällig gegen Überhitzung sind, ganz unmittelbar. Leider wird der Klimawandel für sehr viele europäische Hummelarten erhebliche Arealverluste bedingen und damit die Aussterberisiken weiter verstärken. Insbesondere die zahlreichen Arten, die hervorragend an kühle Lagen in den Gebirgen und im hohen Norden angepasst sind, werden in naher Zukunft Teile ihrer Lebensräume unweigerlich verlieren. Bei einigen Arten wie der Alpenhummel *(Bombus alpinus)* und der Trughummel *(B. mendax)* zeigt sich der Rückzug bereits heute.

Der Niedergang der Hummeln ist ein weltweites Phänomen. In Europa gibt es inzwischen leider mehrere Beispiele für attraktive Hummelarten, die einst weit verbreitet oder zumindest lokal häufig waren, dann seltener wurden, regional verschollen sind und inzwischen im gesamten mittel-, nord- und westeuropäischen Raum kaum noch oder gar nicht mehr nachgewiesen werden können. Dramatisch ist der flächendeckende Rückgang der Obsthummel *(Bombus pomorum)*. Aus jüngster Zeit sind kaum noch bestätigte Fundorte in Europa bekannt. Die Marschhummel *(Bombus cullumanus)* gilt in Deutschland seit 1960 als erloschen. Die westeuropäische Unterart ssp. *cullumanus* kam einst von Spanien bis Schweden vor und ist möglicherweise inzwischen komplett ausgestorben. In Mitteleuropa ebenfalls erloschen sind mehrere Arten, die eine sehr enge Bindung an Steppenlebensräume zeigen. Sie waren in blütenreichen, ausgedehnten Graslandschaften von Zentralasien über die Ukraine und Anatolien bis in die Pannonische Tiefebene verbreitet, also auch in Ungarn und/oder im Osten Österreichs. Dazu zählen Europas größte Hummel, die Große Steppenhummel oder Dufthummel *(B. fragrans)*, und die Armenische Hummel *(B. armeniacus)* sowie die Kleine Steppenhummel *(B. laesus)*. Für diese drei attraktiven Arten mit ausgedehnter Gelbfärbung gab es in Österreich und Ungarn nach dem Jahr 2000 keine Funde mehr, und sogar in der Ukraine sind diese Arten seither in extremem Rückgang begriffen.

Wer dem Rückgang der Hummeln entgegenwirken will, hat vielfältige Möglichkeiten: Ein nachhaltiger Konsum zur Unterstützung ökologischer Landwirtschaft, politisches Engagement für den Erhalt von biologischer Vielfalt und für Klimaschutz, der lokale Einsatz für Natur- und Artenschutzinitiativen sowie eine hummelfreundliche Gartengestaltung mit geeigneten Blütenpflanzen und Nistmöglichkeiten – dazu zählen auch im Handel erhältliche Hummelnistkästen – können wertvolle Bausteine auf unterschiedlichen Ebenen sein. Während man im Garten allerdings eher den häufigen Hummeln hilft, können seltene Arten nur durch ein Umsteuern in der Landnutzung gefördert werden. Daher muss der Einsatz für biologische Vielfalt in der Landwirtschaft viel stärker als bisher auch finanziell belohnt werden.

Nur noch in über 100 Jahre alten Sammlungen zu bewundern, hier im Museum für Naturkunde Berlin: eine Arbeiterin der Marschhummel *(Bombus cullumanus)* von der schleswig-holsteinischen Nordseeküste.

SCHAFE IM WOLFSPELZ

Schwebfliegen (Familie Syrphidae) sind berühmt dafür, dass sie in sehr vielen Fällen Wespen und Bienen so ähnlich sehen, dass sie sich damit wirksam vor Fressfeinden schützen. Diese Form der Täuschung bezeichnet man als Mimikry. In Experimenten wurde belegt, dass Vögel und auch Kröten, die unangenehme Erfahrungen mit wehrhaften Vorbildern gemacht haben, Schwebfliegen mit entsprechendem Farbmuster als Beute verschmähen. Einige Schwebfliegenarten nutzen Hummeln als Vorbilder und sind ihnen verblüffend ähnlich. Anhand folgender Merkmale lassen sie sich von Hummeln äußerlich bei genauerer Betrachtung schnell unterscheiden:

1. Schwebfliegen besitzen typischerweise kurze, dreigliedrige Fühler mit einer fädigen Borste, während Hummeln sofort an den langen schwarzen Fühlergeißeln zu erkennen sind.
2. Die Komplexaugen der Schwebfliegen sind groß und halbkugelig vorgewölbt. Die Augen der Hummeln sind hingegen eher flach und nierenförmig.
3. Bei Schwebfliegen ist nur ein Flügelpaar ausgebildet. Das hintere Paar ist zu Schwingkölbchen (Halteren) reduziert. Hummeln besitzen zwei voll ausgebildete Flügelpaare.

Das bekannteste und am besten untersuchte Beispiel für komplexe Beziehungen zwischen Schwebfliegen und Hummeln ist die Hummel-Waldschwebfliege, *Volucella bombylans* (Linnaeus, 1758). Sie tritt in verschiedenen Farbformen auf, mit denen sie unterschiedliche Hummelarten nachahmt. Dieses erstaunliche Phänomen wird als mimetischer Polymorphismus bezeichnet. Die gelb-schwarz-weiße Variante (f. *plumata*) entspricht dem Farbschema von Garten- und Erdhummeln, die schwarz-rote Farbform (f. *bombylans*) ähnelt der Steinhummel. Seltener tritt eine dritte gelb-schwarze Variante mit rotem Hinterleib auf (f. *haemorrhoidalis*), die auf Bergwiesen leicht mit Pyrenäen-, Höhen- oder Berglandhummeln verwechselt werden kann, im Tiefland möglicherweise mit der Wiesenhummel. Da die verschiedenen Farbformen innerhalb einer Population am selben Standort auftreten, vermeidet es diese Schwebfliege, häufiger ein bestimmtes Vorbild zu sein. Dann würden unerfahrene Vögel bei Beutezügen nämlich vorwiegend positive Erfahrungen machen, was die Schutzwirkung erheblich verringern könnte. Es ist also ein evolutionärer Vorteil, die Nachahmung auf mehrere Vorbilder „verteilen" zu können. Außerdem kann die Fliege auf das regional unterschiedliche Vor-

Die Hummel-Waldschwebfliege *(Volucella bombylans)* schreckt in der Farbvariante f. *plumata* Fressfeinde häufig mit dem Farbschema von Garten- oder Erdhummeln ab. Dieses Weibchen zeigt deutlich die stark gefiederte Fühlerborste. Saarland, 16.6.2012.

Die f. *bombylans* der Hummel-Waldschwebfliege ist ein nahezu perfektes Abbild einer Steinhummel. Diese Art fliegt besonders gern violette Blüten an und ist daher häufig auf der Ackerwitwenblume *(Knautia arvensis)* zu finden. Saarland, 24.5.2011.

Eine Gemeine Narzissenschwebfliege *(Merodon equestris)* in der Gestalt einer Wiesenhummel besucht Margeritenblüten (*Leucanthemum* sp.) im Garten. Saarland, 1.6.2016.

Diese Narzissenschwebfliege imitiert mit der orangebraunen Behaarung auf Thorax und Hinterleib eine Ackerhummel. Saarland, 14.5.2012.

kommen ihrer Vorbilder reagieren, indem die jeweils am stärksten von vorhandenen Vorbildern profitierende Variante häufiger ausgebildet wird. Interessanterweise suchen die Weibchen der Hummel-Waldschwebfliege Hummelnester am oder im Boden zur Eiablage auf.
Leo Rupp hat das Verhalten dieser Art in den 1980er Jahren detailliert untersucht. Er konnte beobachten, dass die Fliegen nur dann erfolgreich in ein Hummelnest eindringen können, wenn keine Hummel am Nesteingang wacht. Den Eingang zum Nest machen sie mit Hilfe von Duftstoffen ausfindig, die sie mit den Fühlern wahrnehmen. Das ist der Grund dafür, dass die Fühlerborsten bei den Weibchen dieser Art außergewöhnlich lang und reich gefiedert sind (englischer Name: Bumblebee plumehorn). Sie legen die Eier in das Nistmaterial aus Pflanzenteilen, das die Waben umgibt. Tritt der seltene Fall ein, dass sie dabei von Hummelarbeiterinnen überrascht und abgestochen werden, nutzen sie auch diesen Moment noch zur spontanen Eiablage. Die Larven der Hummel-Waldschwebfliege dringen nicht räuberisch in die Waben des Hummelnests ein,

Die Paarung der Narzissenschwebfliegen verläuft stürmisch, was seinen Ausdruck in dem rasanten Flügelschlag des Männchens findet. Dieses Paar ähnelt auf den ersten Blick Erd- oder Gartenhummeln. Saarland, 31.5.2015.

sondern halten sich darunter auf und ernähren sich als Kommensalen („Mitesser") von den Abfällen des Nestes. In Versuchen ließen sie sich sowohl mit Pollen als auch mit toten Hummellarven aufziehen. Sind die Schwebfliegenlarven ausgewachsen, graben sie sich in die Erde ein, die das Hummelnest umgibt, und überwintern dort. Im nächsten Frühjahr verpuppen sie sich. Im Mai oder Juni schlüpfen dann die erwachsenen Fliegen. Grundsätzlich wäre es auch denkbar, dass die Hummeltracht der Schwebfliegen eine aggressive Mimikry sein könnte, die es den Weibchen ermöglicht, unerkannt in Hummelnester einzudringen. Dagegen spricht aber unter anderem, dass Hummel-Waldschwebfliegen ihre Eier nicht bevorzugt in die Nester solcher Hummelarten legen, mit denen sie eine besondere Ähnlichkeit aufweisen, und dass sie nur dann erfolgreich in ein Nest eindringen können, wenn sie am Eingang keiner Arbeiterin begegnen.
Noch weitreichender ist der mimetische Polymorphismus bei der Gemeinen Narzissenschwebfliege, *Merodon equestris* (Fabricius, 1794). Mindestens sieben unterschiedliche Farbvarianten sind

Diese Narzissenschwebfliege zeigt im Hochgebirge das typische Farbmuster verschiedener Gebirgshummelarten wie der Pyrenäenhummel. Frankreich, Pyrénées-Orientales, 7.7.2024.

Die Gelbhaarige Hummelschwebfliege *(Criorhina berberina)* ähnelt in der f. *oxyacanthae* recht deutlich einer Ackerhummel. Bayern, 8.7.2020.

Ein Weibchen der Hummel-Keilfleckschwebfliege *(Eristalis intricaria)* in der charakteristischen Baumhummel-Färbung. Brandenburg, 2.7.2018.

Die Hummel-Gebirgsschwebfliege ist in den Alpen häufig. Bayern (Berchtesgadener Alpen), 8.7.2020.

beschrieben, wobei es auch innerhalb dieser Kombinationen von heller und dunkler Behaarung noch zahlreiche Nuancen in der Farbausprägung gibt. Die kräftigen, dicht behaarten Fliegen sind auch in Gärten häufig und fallen dort durch ihr hummelartiges Brummen auf. Sie können Garten-, Erd-, Acker-, Wiesen- oder Steinhummeln ähnlich sein. Im Gebirge können zusätzlich Pyrenäen-, Höhen- oder Berglandhummel als Vorbilder dienen. Manchmal ist auch keine genaue Zuordnung zu einem bestimmten Hummelvorbild möglich. Kennzeichnend für die Art sind dreieckige Höcker auf der Unterseite der dicken schwarzen Hinterschenkel und -schienen.

Die Lebensweise der Narzissenschwebfliege hat allerdings keinen Bezug zu Hummeln, denn die Weibchen legen die Eier an verschiedenen Zwiebelgewächsen ab, in Gärten insbesondere an Narzissen und Tulpen. Die Larven fressen sich in die Zwiebeln hinein und dezimieren auf diese Weise nicht selten prächtige Osterglockenbestände, was sie im Blumenzwiebelanbau sehr unbeliebt macht.

Mehrere weitere Arten mit auffälliger Hummelmimikry lassen sich in geeigneten Lebensräumen aufspüren. Drei recht weit verbreitete Beispiele seien hier abschließend genannt. Ein sehr attraktives Abbild von Acker-, Moos- oder Veränderlicher Hummel ist die Gelbhaarige Hummelschwebfliege, *Criorhina berberina* (Fabricius, 1805), in der einheitlich gelblich orange behaarten Farbvariante f. *oxyacanthae*. Hingegen ist bei der f. *berberina* die Körpermitte schwarz behaart. Diese Art entwickelt sich in Totholz: Die Weibchen legen Eier in Baumhöhlen, von wo aus sich die Larven durch das morsche Holz fressen. Als Nahrung filtern sie darin lebende Mikroorganismen heraus. In Kleingewässern mit verrottenden Pflanzen entwickeln sich die Larven der Hummel-Keilfleckschwebfliege, *Eristalis intricaria* (Linnaeus, 1758). Während die Männchen dieser Art überwiegend bräunlich behaart sind, ist bei den braunschwarz-weißen Weibchen die Baumhummel deutlich als Vorbild erkennbar. Die Hummel-Keilfleckschwebfliege ist bereits im April an Weidenblüten zu finden und fliegt dann das gesamte Sommerhalbjahr hindurch. Eine besonders auffällige Doppelgängerin von Garten- und Erdhummeln ist die Hummel-Gebirgsschwebfliege, *Sericomyia bombiformis* (Fallén, 1810; Synonym: *Arctophila bombiformis*). Diese typische Hochsommerart ist im Juli und August auf blütenreichen Wiesen, an Wegen, Wald- und Bachrändern vorwiegend in den Mittel- und Hochgebirgen zu finden. Auf den Britischen Inseln kommt sie allerdings nicht vor.

DIE SYSTEMATIK DER HUMMELN

Äußere Systematik

Die Gattung der Hummeln *(Bombus)* gehört in die überaus artenreiche Insektenordnung der Hautflügler (Hymenoptera). Die Unterordnung der Taillenwespen (Apocrita) weist die typische Einschnürung hinter dem ersten Abdominalsegment auf, die auch für alle Hummeln charakteristisch ist. Außerdem besitzen weibliche Hummeln einen Wehrstachel, was ihre Zugehörigkeit zu den Stechimmen (Aculeata) belegt, zu denen beispielsweise Faltenwespen und Ameisen zählen – sowie die Bienen und Grabwespen in Form der Überfamilie Apoidea. Hummeln gehören zur Familie der Echten Bienen (Apidae). Dieser Familie werden in Europa zum Beispiel Holzbienen und Wespenbienen zugeordnet, in der Unterfamilie Apinae unter anderem Langhorn-, Pelz- und Trauerbienen. Innerhalb dieser Unterfamilie bilden Hummeln zusammen mit Honigbienen sowie den überwiegend tropisch verbreiteten Stachel losen Bienen und Prachtbienen die Verwandtschaftsgruppe der Körbchensammler oder corbiculaten Bienen. Die Honigbiene *(Apis mellifera)* ist in Europa also die nächste Verwandte der Hummeln, was anhand der Sammelkörbchen (Corbiculae) an den Hinterschienen gut zu erkennen ist.

Innere Systematik

Die Gattung *Bombus* lässt sich in mehrere Untergattungen gliedern. Dies erleichtert die verwandtschaftliche Zuordnung der einzelnen Hummeln untereinander auf der Grundlage gemeinsamer Merkmale. Soll die Zugehörigkeit zu einer Untergattung in der Benennung einer Art sichtbar gemacht werden, erscheint die Untergattung hinter der Gattung in Klammern, also beispielsweise *Bombus (Alpinobombus) balteatus*. Die Merkmale der Untergattungen beziehen sich nicht auf die Farbmuster, sondern auf morphologische Übereinstimmungen, die sich oft erst bei genauer Betrachtung unter dem Binokular erkennen lassen. So ist zum Beispiel die Untergattung *Alpigenobombus* dadurch gekennzeichnet, dass die Mandibeln sechs kräftige Zähne aufweisen. Die Untergattung *Megabombus* umfasst Hummeln, deren Gesicht und Rüssel besonders lang sind. Die Untergattung *Psithyrus* (Kuckuckshummeln) lässt sich aufgrund der fehlenden Corbiculae am leichtesten identifizieren. Im hier betrachteten Gebiet lassen sich 63 Hummelarten 14 Untergattungen zuordnen. Viele der Arten zeigen Farbvariationen, die entweder als individuelle Abweichungen neben den typisch gefärbten Exemplaren auftreten und dann als Form (abgekürzt f. für forma) bezeichnet werden oder sich geografisch von anderen Populationen abgrenzen lassen und dann den Status einer Unterart (abgekürzt ssp. für subspecies) erhalten. Der Name der Unterart kann direkt hinter den Artnamen gesetzt werden – die Arktische Ackerhummel heißt dann beispielsweise *Bombus pascuorum smithianus*, die Gotländische Ackerhummel *Bombus pascuorum gotlandicus*.

Die Mooshummel *(Bombus muscorum)* ist eine besonders attraktive, aber mittlerweile europaweit gefährdete Art. Schweden, Örebro, 24.7.2024.

Die Schneehummel *(Bombus niveatus)* kommt auf dem südlichen Balkan und weiter östlich vor allem in Anatolien vor. Während sie auf dem Balkan durch ihre besondere Färbung heraussticht, fliegen in der Türkei mehrere sehr ähnliche Arten. Griechenland, Westmakedonien, 17.6.2025.

Die kurzrüsselige Bergwaldhummel *(Bombus mastrucatus)* beißt mit ihren gezähnten Mandibeln Löcher in die Eisenhutblüten und begeht Nektarraub. An jeder Blüte ist oben ein auf diese Weise erzeugtes Loch zu sehen. Norwegen, Innlandet, 19.7.2023.

Aus pragmatischen Gründen erscheinen die Untergattungen im speziellen Teil in alphabetischer Reihenfolge, auch wenn dies nicht die natürlichen Verwandtschaftsverhältnisse widerspiegelt. Nach bisherigen Erkenntnissen ist *Mendacibombus* mit der Trughummel *(Bombus mendax)* die ursprünglichste Untergattung.

Untergattung *Alpigenobombus*
Bombus mastrucatus – Bergwaldhummel
Untergattung *Alpinobombus*
Bombus alpinus – Alpenhummel
Bombus pyrrhopygus – Polarhummel
Bombus balteatus – Fjellhummel
Bombus hyperboreus – Tundrahummel
Untergattung *Bombias*
Bombus confusus – Samthummel
Untergattung *Bombus*
Bombus lucorum – Helle Erdhummel
Bombus renardi
Bombus magnus – Große Erdhummel
Bombus cryptarum – Kryptarum-Erdhummel
Bombus sporadicus – Taiga-Erdhummel
Bombus terrestris – Dunkle Erdhummel
Bombus xanthopus – Rotbeinige Erdhummel
Untergattung *Cullumanobombus*
Bombus cullumanus – Marschhummel
Bombus semenoviellus – Semenov-Hummel
Untergattung *Kallobombus*
Bombus soroeensis – Glockenblumenhummel
Untergattung *Megabombus*
Bombus hortorum – Gartenhummel
Bombus ruderatus – Feldhummel
Bombus argillaceus – Tonerdhummel
Bombus gerstaeckeri – Eisenhuthummel
Bombus consobrinus – Nordische Eisenhuthummel
Untergattung *Melanobombus*
Bombus lapidarius – Steinhummel
Bombus sichelii – Höhenhummel
Untergattung *Mendacibombus*
Bombus mendax – Trughummel
Untergattung *Psithyrus*
Bombus barbutellus – Bärtige Kuckuckshummel
Bombus bohemicus – Böhmische Kuckuckshummel
Bombus vestalis – Gefleckte Kuckuckshummel
Bombus campestris – Feldkuckuckshummel
Bombus norvegicus – Norwegische Kuckuckshummel
Bombus sylvestris – Waldkuckuckshummel
Bombus flavidus – Gelbe Alpenkuckuckshummel
Bombus quadricolor – Vierfarbige Kuckuckshummel
Bombus rupestris – Felsenkuckuckshummel
Untergattung *Pyrobombus*
Bombus hypnorum – Baumhummel
Bombus cingulatus – Gebänderte Taigahummel
Bombus jonellus – Heidehummel
Bombus pratorum – Wiesenhummel
Bombus haematurus – Ungarische Hummel
Bombus monticola – Berglandhummel
Bombus konradini
Bombus lapponicus – Lapplandhummel
Bombus pyrenaeus – Pyrenäenhummel
Bombus brodmannicus
Untergattung *Sibiricobombus*
Bombus niveatus – Schneehummel
Untergattung *Subterraneobombus*
Bombus subterraneus – Erdbauhummel
Bombus distinguendus – Deichhummel
Bombus fragrans – Große Steppenhummel
Untergattung *Thoracobombus*
Bombus pascuorum – Ackerhummel
Bombus humilis – Veränderliche Hummel
Bombus muscorum – Mooshummel
Bombus schrencki – Schrencks Hummel
Bombus veteranus – Sandhummel
Bombus deuteronymus
Bombus sylvarum – Bunte Hummel
Bombus laesus – Kleine Steppenhummel
Bombus mucidus – Grauweiße Hummel
Bombus mesomelas – Berghummel
Bombus zonatus – Östliche Hummel
Bombus ruderarius – Grashummel
Bombus inexspectatus – Unerwartete Hummel
Bombus mlokosievitzii
Bombus pomorum – Obsthummel
Bombus armeniacus – Armenische Hummel

BESTIMMUNG VON HUMMELN

Obwohl Hummeln große und auffällige Insekten sind, ist die Bestimmung in vielen Fällen äußerst schwierig, manchmal ohne Betrachtung unter dem Binokular oder sogar Präparation der Genitalien unmöglich. Das ist ein ernsthaftes Problem für interessierte Laien, weil einerseits Hummeln nach der Bundesartenschutzverordnung besonders geschützt sind und ohne Ausnahmegenehmigung nicht gefangen und getötet werden dürfen, andererseits nur professionelle Kartierer über die dafür notwendige technische Ausrüstung und hinreichende Erfahrung verfügen.

Die äußerlich gut sichtbaren Farbmuster der Hummeln allein sind in der Regel keine ausreichende Grundlage für die Bestimmung. Das hat zwei Gründe: Hummeln können auch dann einander äußerst ähnlich sehen, wenn die Arten verschiedenen Untergattungen angehören, also nicht einmal nah verwandt sind. Andererseits können die Individuen einer Art völlig unterschiedliche Farbmuster aufweisen, so dass man sie intuitiv verschiedenen Arten zuordnen würde.

Der Grund für die große Ähnlichkeit vieler Arten in einem Gebiet (zum Beispiel bei den schwarz-gelb-roten Hummeln in den Alpen) liegt darin, dass Hummeln mit ihren kontrastreichen Farbmustern vor ihrer Wehrhaftigkeit aufgrund des Giftstachels warnen. Vögel und andere Wirbeltiere prägen sich diese Muster ein. Wenn die Arten möglichst identisch aussehen, müssen die Fressfeinde sich nur ein Muster merken, was alle beteiligten Hummelarten bestmöglich vor Angriffen schützt. Dies bezeichnet man als Müller'sche Mimikry – im Gegensatz zur Bates'schen Mimikry, bei der harmlose Arten wie Schwebfliegen wehrhafte Hummeln nachahmen und damit Fressfeinde täuschen

Ein Beispiel für die Herausforderungen bei der Hummelbestimmung liefern die Erdhummeln: Bei den vier mitteleuropäischen Arten (auch als Erdhummel-Komplex oder *Bombus terrestris* s. l. = sensu lato, „im weiteren Sinne", bezeichnet) sind nur bei den Königinnen und teilweise bei den Männchen wichtige Merkmale einigermaßen erkennbar ausgeprägt; Arbeiterinnen können bei diesen Arten im Gelände nicht unterschieden werden.

Dennoch ist es nicht aussichtslos, Hummeln zu bestimmen, wenn man Geduld aufbringt und Aspekte wie Verbreitungsgebiet, Lebensraum, Häufigkeit, Verhalten und bevorzugte Pflanzen einbezieht. Weibliche Tiere (Königinnen und Arbeiterinnen) und Männchen können sehr verschieden gefärbt sein.

Ein detaillierter Bestimmungsschlüssel für die Arten Europas würde den Umfang dieses Buches sprengen. Für mitteleuropäische Arten sind die Bestimmungsschlüssel von Gokcezade et al. sowie Witt eine hervorragende Grundlage, für alle Arten Europas finden sich detaillierte Anleitungen im umfassenden Werk von Rasmont, Ghisbain & Terzo (siehe Literaturverzeichnis).

Alpenhummel-Männchen *(Bombus alpinus)* auf Alpenscharte *(Saussurea alpina)*. Schweden, Norbotten, 30.7.2024.

Artporträts

Bergwaldhummel

Bombus mastrucatus Gerstaecker, 1869
—*Alpigenobombus*

AUSSEHEN

Königinnen erreichen eine Körperlänge von maximal 22 mm, Arbeiterinnen sind 13–16 mm, Männchen 14–16 mm lang. Die Färbung der Bergwaldhummel ist schwarz mit rotem Hinterende. Typisch ist ihr sehr dichter, struppiger Pelz. Kennzeichnend sind außerdem ihre großen, kräftigen Mandibeln mit jeweils 6 Zähnen. Der Kopf ist sehr kurz. Die rote Färbung des Hinterleibs beginnt meist auf dem 3. Tergit; bei weiblichen Tieren ist das 3. Tergit variabel überwiegend schwarz oder rot gefärbt. Bei Königinnen und Arbeiterinnen sind ein Kragen und eine helle Querbinde auf dem Scutellum nur angedeutet oder fehlen ganz. Männchen hingegen sind im Gesicht, auf dem Scheitel, auf dem Scutellum und oft auch auf den Tergiten 1 und 2 gelbgrau behaart, außerdem tragen sie einen recht breiten graugelben Kragen.

NISTWEISE

Die Bergwaldhummel nistet unterirdisch in Nagetierbauten. Ihre Völker erreichen eine Stärke von bis zu 150 Individuen.

BLÜTENBESUCH

Die Bergwaldhummel besucht eine große Vielfalt an Blüten. An Blüten mit tiefen Kelchen begeht sie regelmäßig Nektarraub: Sie beißt mit ihren bezähnten Mandibeln ein Loch in den Blütenkelch und erreicht mit ihrem kurzen Rüssel auf kürzestem Weg die Nektarquelle. Besonders auffällig und charakteristisch ist dieses Verhalten an Eisenhut *(Aconitum)*. Arbeiterinnen und Männchen fliegen systematisch die in die Helme gebissenen Löcher an, um jeweils kurz Nektar zu trinken. In Skandinavien wird die Art daher als „Diebshummel" (Norwegen: Tyvhumle; Schweden: Tjuvhumla) bezeichnet.

LEBENSRAUM UND FLUGZEIT

Eine Art der Gebirge, die typischerweise im Wald oder in Waldnähe fliegt, aber in den Alpen auch oberhalb der Baumgrenze bis in 2.800 m Höhe zu finden ist. Königinnen gründen Nester zwischen April und Juni, Arbeiterinnen fliegen von Mai bis September, Männchen und Jungköniginnen von Juli bis in den Oktober hinein.

Arbeiterin der Bergwaldhummel, ssp. *mastrucatus*, beim Nektarraub an Rispen-Eisenhut *(Aconitum degenii)* in den Alpen. Österreich, Salzburg, 21.8.2024.

Bergwaldhummel

VERBREITUNG
Die Bergwaldhummel ist im Kantabrischen Gebirge im Nordwesten Spaniens, in den Pyrenäen und Alpen, dem Massif Central, auf dem Balkan und in den Karpaten sowie in Norwegen und im westlichen Schweden heimisch. Ursprünglich flog sie auch in den Mittelgebirgen in Deutschland und Belgien, hier scheint sie aber fast überall ausgestorben zu sein.

UNTERARTEN
Bis zum Jahr 2023 wurde die Art unter dem Namen *Bombus wurflenii* gelistet. Die Unterart ssp. *wurflenii* in der Kaukasusregion wurde aber mittlerweile als eigenständige Art von den westlichen Populationen abgegrenzt, so dass diese seither unter dem Artnamen *Bombus mastrucatus* geführt werden. Die ssp. *mastrucatus* ist in den Alpen, im Massif Central und allenfalls noch lokal in den Mittelgebirgen Mitteleuropas zu finden. Die ssp. *brevigena* fliegt in Skandinavien. Weitere Unterarten besiedeln jeweils die Karpaten, den Balkan und die Pyrenäen.

ÄHNLICHE ARTEN
Steinhummel *(Bombus lapidarius)*, Alpenhummel *(Bombus alpinus)* sowie weitere Hummeln mit rotem Hinterende.

Die Bergwaldhummel-Männchen der ssp. *mastrucatus* fallen durch ihre lange graugelbe Behaarung von Gesicht, Scheitel, Kragen, Scutellum und oft auch den ersten beiden Tergiten auf. Österreich, Salzburg, 21.8.2024.

Porträt eines nektarraubenden Bergwaldhummel-Männchens der ssp. *mastrucatus* an Rispen-Eisenhut. Österreich, Salzburg, 21.8.2024.

In den Helmen der Blüten des Nördlichen Eisenhuts *(Aconitum septentrionale)* sind die Löcher, die die Bergwaldhummel-Arbeiterinnen, hier ssp. *brevigena*, hineingebissen haben, deutlich zu erkennen. Norwegen, Innlandet, 19.7.2023.

Diese Bergwaldhummel-Arbeiterin der ssp. *brevigena* raubt nicht nur Nektar, sondern hat bereits auch weißen Pollen am Nördlichen Eisenhut gesammelt. Norwegen, Innlandet, 24.7.2023.

Alpenhummel

Alpenhummel

Bombus alpinus Linnaeus, 1758
—*Alpinobombus*

AUSSEHEN

Die Alpenhummel ist eine unserer größten Hummeln – Königinnen können bis zu 26 mm lang werden! Arbeiterinnen erreichen 14–16 mm, Männchen 15–17 mm. Weibliche und männliche Tiere sind auf dem Hinterleib ab dem 2. Tergit leuchtend rot behaart. Ansonsten sind sie tiefschwarz gefärbt. Die schwarze Behaarung auf dem Thorax ist bei den Königinnen dicht und gleichmäßig kurz. Die Cuticula der Körbchen auf den Hinterschienen ist glänzend schwarz (Unterschied zur Polarhummel). Die Männchen sind im Gesicht schwarz behaart. In den Alpen (ssp. *helleri*) tragen die Männchen einen schwachen hellen Kragen, auch bei den weiblichen Alpenhummeln ist er angedeutet.

NISTWEISE

Die Alpenhummel nistet unterirdisch in Nagetierbauten, aber auch in Felsen und Mauerwerk. Die Völker erreichen eine Größe von maximal 150 Individuen.

BLÜTENBESUCH

Verschiedene Blütenpflanzen der Tundra, Taiga und des Hochgebirges werden aufgesucht. Für die Königinnen im Frühjahr spielen blühende Weiden (*Salix* sp.) eine besondere Rolle.

LEBENSRAUM UND FLUGZEIT

In Skandinavien eng an die Tundra und die unmittelbar angrenzende Taiga gebunden; in den Alpen nur in Hochlagen deutlich oberhalb der Baumgrenze in Höhen zwischen 2.500 und 3.100 m zu finden. Sie ist einer erheblichen Gefährdung durch den Klimawandel ausgesetzt. Seit 1984 hat sich die untere Grenze ihrer Verbreitung in den Alpen um rund 500 m nach oben verschoben, was ihr Areal erheblich verkleinert. Königinnen starten zwischen Ende April und Ende Mai in die Saison. Arbeiterinnen fliegen von Mitte Mai bis September, Jungköniginnen und Männchen von Juli bis September.

Mit ihrer Größe, dem gleichmäßigen schwarzen Pelz auf dem Thorax und dem kräftigen, kontrastreich abgesetzten Rot der Tergite 2–6 ist die Königin der Alpenhummel, hier die skandinavische ssp. *alpinus*, eine der eindrucksvollsten Hummeln Europas. Norwegen, Trøndelag, 21.7.2023.

Alpenhummel

VERBREITUNG
Die Alpenhummel ist arkto-alpin verbreitet, nämlich in den Alpen (in Deutschland ausgestorben) und lokal in den Karpaten (historische Funde) sowie in der Gebirgskette Skandinaviens und in Lappland

UNTERARTEN
In Skandinavien ssp. *alpinus*, in den Alpen und Karpaten ssp. *helleri*.

ÄHNLICHE ARTEN
In den Alpen allenfalls die Bergwaldhummel *(Bombus mastrucatus)*, bei der die rote Behaarung aber erst in der Mitte des 3. Tergits beginnt. Sehr viel schwieriger ist die Lage in Skandinavien: Die Berglandhummel *(Bombus monticola scandinavicus)* und die dunklen Exemplare der Lapplandhummel *(Bombus lapponicus)* sind sehr schwer insbesondere von Arbeiterinnen der Alpenhummel zu unterscheiden. Königinnen der Alpenhummel sind viel größer als Königinnen dieser beiden Arten. Der Pelz der Alpenhummeln auf dem Thorax ist außerdem gleichmäßiger, ihr Gesicht etwas länger. Die nah verwandte Polarhummel *(Bombus pyrrhopygus)* ist eine weitere Verwechslungsart, deren Weibchen durch eine blassere rote Farbe und schwarze Haare am Vorderrand des 2. Tergits, die Männchen aber oft gar nicht unterschieden werden können.

Diese Königin der Alpenhummel (ssp. *alpinus*) stärkt sich am Nektar der Blauen Himmelsleiter *(Polemonium caeruleum)* am Rand des Dovrefjells. Norwegen, Trøndelag, 21.7.2023.

Dieses Alpenhummel-Männchen der ssp. *alpinus* trinkt Alpenscharten-Nektar *(Saussurea alpina)* in der Tundra des Abisko-Nationalparks. Schweden, Norbotten, 30.7.2024.

Porträt eines Alpenhummel-Männchens der ssp. *alpinus* im Abisko-Nationalpark. Die Unterscheidung von der Polarhummel ist im Gelände nicht mit letzter Sicherheit möglich. Schweden, Norbotten, 27.7.2024.

Polarhummel

Bombus pyrrhopygus Friese, 1902
—*Alpinobombus*

AUSSEHEN

Wie alle Hummeln der Untergattung *Alpinobombus* ist die Polarhummel eine große, dicht behaarte Art, die allerdings im Vergleich zur ähnlichen Alpenhummel kürzer und gedrungener wirkt. Königinnen werden etwa 21 mm lang. Die orange Behaarung ist stets heller als bei der kräftig rot gefärbten Alpenhummel; sie beginnt auf dem 2. Tergit, das aber am Vorderrand und in der Mitte im Gegensatz zur Alpenhummel oft schwarze Haare aufweist. In das Orange des Hinterleibs ziehen sich von der Seite zwischen den Tergiten undeutliche schwarze Keile hinein. Die schwarzen Hinterschienen sind matt – im Gegensatz zu den glänzenden Körbchen der Alpenhummel. Arbeiterinnen und Männchen sind sehr schwer, manchmal gar nicht von der Alpenhummel zu unterscheiden. Bei Polarhummel-Männchen beginnt die orange Behaarung aber manchmal erst auf dem 3. oder 4. Tergit.

Der sehr blass orange behaarte Hinterleib und die matte Cuticula der Hinterschienen zählen zu den wichtigen Unterscheidungsmerkmalen der Polarhummel im Vergleich zur Alpenhummel. Norwegen, Trøndelag, 21.7.2023.

Eine Polarhummel-Königin auf Ackerwitwenblume *(Knautia arvensis)*. Norwegen, Trøndelag, 21.7.2023.

Polarhummel

NISTWEISE
Die Polarhummel nistet unterirdisch in Nagetierbauten (beispielsweise in den Nestern von Lemmingen). Die Völker sind sehr klein und umfassen nur 15–20 Individuen.

BLÜTENBESUCH
Es ist keine besondere Bevorzugung bestimmter Pflanzen zu erkennen.

LEBENSRAUM UND FLUGZEIT
Die Polarhummel ist eng an die Tundra gebunden, besucht aber vor allem im Frühling und Frühsommer häufig blütenreiche Standorte unterhalb der Baumgrenze. Die Flugzeit ist sehr kurz. Königinnen werden zwischen Mitte Mai und Mitte August beobachtet, Arbeiterinnen von Ende Juni bis Mitte August und Männchen von Mitte August bis Anfang September.

VERBREITUNG
Das Verbreitungsgebiet der Polarhummel erstreckt sich von den südnorwegischen Gebirgen (Jotunheimen, Dovrefjell) entlang der skandinavischen Gebirgskette nach Norden. Es umfasst die Tundra Lapplands und reicht weiter östlich bis nach Sibirien hinein.

TAXONOMIE
Die europäischen Polarhummeln werden von einigen Autoren nicht als eigene Art anerkannt, sondern als Unterart ssp. *pyrrhopygus* von *Bombus polaris* Ross, 1835 geführt. *Bombus polaris* (ssp. *polaris*) ist in den arktischen Gebieten Kanadas und auf Grönland verbreitet.

KUCKUCKSHUMMEL
Die Polarhummel ist der Hauptwirt der Tundrahummel *(Bombus hyperboreus)*. Diese ist allerdings keine echte Kuckuckshummel (Untergattung *Psithyrus*), sondern zählt ebenfalls zur Untergattung *Alpinobombus*.

ÄHNLICHE ARTEN
Alpenhummel *(Bombus alpinus)*, Berglandhummel *(Bombus monticola scandinavicus)*, Lapplandhummel *(Bombus lapponicus)*.

Diese Polarhummel sammelt Pollen an Karlszepter *(Pedicularis sceptrum-carolinum)*. Norwegen, Nordland, 27.7.2025.

Blütenreiche Wegränder und Böschungen unterhalb der Baumgrenze, aber nur wenige hundert Meter von der etwas höher gelegenen Tundra des Dovrefjells entfernt, als Fundort der drei nah verwandten Arten Polarhummel, Alpenhummel und Fjellhummel. Norwegen, Trøndelag, 22.7.2023.

Fjellhummel

Bombus balteatus Dahlbom, 1832
—*Alpinobombus*

AUSSEHEN

Die Fjellhummel ist eine extrem variabel gefärbte Art, die aber trotzdem in der Regel leicht zu bestimmen ist. Die Königinnen wirken sehr groß und kräftig, auch die Männchen fallen mit ihrer Größe und ihrem kräftigen Brummton auf. Gesicht und Rüssel sind bei dieser Art relativ lang, das Gesicht ist auch bei den Männchen überwiegend dunkel behaart. Kragen, Scutellum sowie 1. und 2. Tergit sind ausgedehnt gelb behaart, Tergit 3 ist schwarz, das Hinterende wieder hell behaart. Dabei treten Formen mit hellrotem (f. *balteatus*) neben solchen mit weißem Hinterende (f. *nivalis*) auf. Der Ton der gelben Körperbehaarung kann außerdem von hellgelb bis gelbbraun variieren. Melanistische Exemplare (f. *lysholmi*) sind bis auf das helle Hinterende schwarzbraun gefärbt, wobei die bräunliche Behaarung auf Scutellum und den ersten beiden Tergiten in Erscheinung tritt. Alle Farbformen können am selben Standort fliegen, sind also nicht geografisch abgegrenzt. Allerdings sind melanistische Fjellhummeln im südlichen Teil des Verbreitungsgebiets deutlich häufiger zu beobachten und können hier einen Anteil von fast einem Viertel der Populationen erreichen.

NISTWEISE

Über Neststandorte fehlen genaue Angaben. Die Völker bleiben klein, erreichen wohl nur eine Stärke von rund 30 Individuen.

BLÜTENBESUCH

Fjellhummeln besuchen viele verschiedene Blütenpflanzen, wobei sie den Nektar in tiefen Blütenkelchen mit ihrer langen Zunge gut erreichen können. Sie sind sehr häufig an Nördlichem Eisenhut *(Aconitum septentrionale)* zu beobachten, aber auch an Schmetterlingsblütlern wie Klee und Wicken. Männchen zeigen in der Tundra eine deutliche Vorliebe für die Alpenscharte *(Saussurea alpina)*.

LEBENSRAUM UND FLUGZEIT

Zum Lebensraum gehören die nordische (Gebirgs-)Tundra und die angrenzende Taiga. Die Fjellhummel ist auf blütenreichen Offenflächen oberhalb und unterhalb der Baumgrenze recht häufig zu finden, gern auch an Wegrändern und Böschungen, auf Wiesen und Weiden. Die Saison im kühlen Norden ist kurz: Königinnen fliegen ab Mitte Mai, Arbeiterinnen ab Mitte Juni, Männchen und Jungköniginnen im Juli und August.

Eine prächtig gefärbte Jungkönigin der Fjellhummel (f. *balteatus*) auf Verschiedenblättriger Kratzdistel *(Cirsium heterophyllum)* im Birkenwald des Abisko-Nationalparks in Lappland. Schweden, Norrbotten, 29.7.2024.

Fjellhummel

Diese melanistische Fjellhummel-Königin (f. *lysholmi*) trinkt Nektar am Nördlichen Eisenhut. In den Gebirgen Südnorwegens sind verdunkelte Fjellhummeln recht häufig. Norwegen, Innlandet, 22.7.2023.

Ein melanistisches Fjellhummel-Männchen (f. *lysholmi*), ebenfalls im Abisko-Nationalpark. Schweden, Norrbotten, 29.7.2024.

VERBREITUNG
Die Fjellhummel ist entlang der skandinavischen Gebirgskette sowie in Lappland verbreitet, also in Norwegen, Schweden und im nördlichen Finnland. Insgesamt ist ihre Verbreitung zirkumpolar, umfasst also auch Sibirien und Nordamerika.

ÄHNLICHE ARTEN
Taiga-Erdhummel *(Bombus sporadicus)*, die allerdings eine deutlich breitere schwarze Querbinde auf dem Hinterleib aufweist. Melanistische Tiere können mit dunklen Gartenhummeln (*Bombus hortorum* f. *nigricans*) verwechselt werden.

Fjellhummel-Arbeiterin (f. *balteatus*) an Nördlichem Eisenhut *(Aconitum septentrionale)* am Rand des Dovrefjells. Norwegen, Trøndelag, 22.7.2023.

Dieses Männchen mit hellrotem Hinterende (f. *balteatus*) trinkt Nektar an Alpenscharte in der Tundra des Abisko-Nationalparks. Schweden, Norrbotten, 29.7.2024.

Ein Fjellhummel-Männchen mit weißem Hinterende (f. *nivalis*) im Abisko-Nationalpark. Schweden, Norrbotten, 29.7.2024.

Die blütenreiche Tundra auf dem Berg Njulla im Abisko-Nationalpark, hier mit Blick auf den Torneträsk, ist ein ausgezeichneter Ort, um die Variationsbreite der Fjellhummel zu studieren. Sie fliegt hier unter anderem mit Lapplandhummel *(Bombus lapponicus)* und Alpenhummel *(Bombus alpinus)*. Schweden, Norrbotten, 27.7.2024.

Tundrahummel

Bombus hyperboreus Schönherr, 1809
—*Alpinobombus*

AUSSEHEN

Bei dieser sehr großen Hummel erreichen die Königinnen eine Länge von 25 mm. Arbeiterinnen werden 14–16 mm, Männchen 16–18 mm lang. Die Färbung ist einheitlich: Kragen und Scutellum sowie die ersten beiden Tergite sind ausgedehnt dunkelgelb behaart, der Rest des Körpers ist schwarz, der Scheitel nur bei den Männchen hell. Die Art ist unverwechselbar, da das Hinterende ab dem 3. Tergit komplett schwarz behaart ist.

NISTWEISE

Die Tundrahummel lebt vorwiegend parasitisch in Nestern anderer Hummeln, insbesondere der Polarhummel *(B. pyrrhopygus)*, obwohl sie nicht zur Untergattung der Kuckuckshummeln (*Psithyrus*) zählt. Das ist auch daran zu erkennen, dass die Königinnen Körbchen an den Hinterschienen tragen und gelegentlich dabei beobachtet werden können, dass sie Pollen eintragen. Arbeiterinnen werden nur sehr selten ausgebildet. Als Wirt kann offenbar auch die Heidehummel *(B. jonellus)* dienen.

BLÜTENBESUCH

Die Tundrahummel besucht unterschiedliche Blütenpflanzen, gern zum Beispiel Alpen-Tragant *(Astragalus alpinus)*.

LEBENSRAUM UND FLUGZEIT

Lebensraum dieser seltenen Art ist die nordische Tundra einschließlich der Gebirgslagen oberhalb der Baumgrenze. Daneben werden zur Nahrungsaufnahme auch blütenreiche Weg- und Straßenränder weiter unterhalb aufgesucht. Die Flugzeit ist äußerst kurz. Königinnen begeben sich Mitte Juni auf Nestsuche; im Juli und August erscheinen Jungköniginnen und Männchen.

VERBREITUNG

In Skandinavien gibt es zwei Verbreitungsschwerpunkte: die südnorwegischen Gebirge von Jotunheimen bis ins Dovrefjell und weiter nördlich in Lappland das norwegisch-schwedische Grenzgebiet.

Außergewöhnlicher Anblick: Die Tundrahummel ist selten, aber sofort an ihrem schwarzen Hinterende zu erkennen. Norwegen, Troms, 28.7.2025.

Beim Abflug zeigt die Tundrahummel-Königin, dass Pollen in ihrem Körbchen an der Hinterschiene klebt – ein Beleg dafür, dass sie trotz ihrer vorwiegend parasitischen Lebensweise auch selbst zur Versorgung des Nachwuchses beitragen kann.

Fluggebiet der Tundrahummel im nördlichen Norwegen. Troms, 28.7.2025.

Samthummel

Bombus confusus Schenck, 1861
—*Bombias*

AUSSEHEN

Samthummel-Königinnen erreichen eine Länge von 20 mm. Die Grundfarbe ist Schwarz. Ab dem 4. Tergit ist der Hinterleib rot behaart, die Unterseite ist allerdings bereits ab dem 2. Sternit durch rote Behaarung gekennzeichnet. Die Männchen zeigen oft einen matt angedeuteten gelben Kragen. Das Hinterende ist ab dem 4. Tergit ebenfalls rot. Die Haare auf dem hoch aufgewölbten Thorax sind gleichmäßig kurz und wirken dadurch samtartig. Die Komplexaugen der Männchen sind extrem groß.

NISTWEISE

Die Nester befinden sich auf dem Boden, wohl meist in Grasbüscheln, und sind mit Wachs überdacht. Die Völker sind klein.

BLÜTENBESUCH

Samthummeln besuchen verschiedene Blütenpflanzen, sehr gern Klee (*Trifolium* sp.); die Männchen bevorzugen Disteln (Gattungen *Carduus* und *Cirsium*) und Flockenblumen (*Centaurea* sp.).

Dieses Samthummel-Männchen hat von seiner Sitzwarte aus die Umgebung fest im Blick. Nach jedem Flugmanöver kehrt es auf seine mit Duftstoffen markierte Position zurück. Brandenburg, 24.8.2019.

Samthummel

LEBENSRAUM UND FLUGZEIT

Die Samthummel ist an trockenwarmen Standorten vom Tiefland bis in mittlere Berglagen hinauf zu finden, zum Beispiel auf Binnendünen, Hängen, Kuppen und Weinbergbrachen. Die Königinnen begeben sich meist erst im Mai auf Nestsuche. Jungköniginnen und Männchen fliegen im August aus. Die Männchen markieren erhöhte Sitzwarten auf Pflanzen oder Steinen mit Duftstoffen aus ihren Labialdrüsen und beobachten mit ihren riesigen, vorgewölbten Augen die Umgebung. Regelmäßig brechen sie zu schleifenartigen Flügen auf, geraten dabei oft in kurze Konflikte mit ihren Nachbarn und lassen sich erneut auf ihrer Warte nieder. Vorbeifliegende Insekten werden augenblicklich verfolgt – in der Hoffnung, dass es sich um paarungsbereite Samthummel-Jungköniginnen handelt.

VERBREITUNG

Das Verbreitungsgebiet der Samthummel erstreckt sich vom äußersten Norden Spaniens quer durch Mitteleuropa bis nach Estland, Rumänien und Russland. Die Art kommt nicht auf den Britischen Inseln, in Skandinavien, auf der italienischen Halbinsel oder dem Balkan vor. In ihrem gesamten Verbreitungsgebiet gilt sie als selten und hat über Jahrzehnte hinweg dramatische Bestandsrückgänge erlitten. So ist sie in den Niederlanden und Belgien bereits Mitte des 20. Jahrhunderts ausgestorben, auch in den meisten deutschen Bundesländern sind ihre Vorkommen erloschen. Nur in Bayern und im Osten, insbesondere in Brandenburg, kann sie noch beobachtet werden.

ÄHNLICHE ARTEN

Weibliche Samthummeln sind leicht mit Steinhummeln *(Bombus lapidarius)* und Glockenblumenhummeln *(Bombus soroeensis proteus)* zu verwechseln. Die Männchen sind mit ihren sehr großen Augen, dem samtigen Pelz und ihrem auffälligen Verhalten unverwechselbar.

Das Samthummel-Männchen hält in höchster Aufmerksamkeit die Fühler nach vorn gestreckt und die Vorderbeine abflugbereit angehoben. Brandenburg, 24.8.2019.

Im Porträt erscheinen die überdimensionalen Augen des Samthummel-Männchens besonders eindrucksvoll. Brandenburg, 24.8.2019.

Dieses Samthummel-Männchen stärkt sich an den Blüten der Gewöhnlichen Kratzdistel *(Cirsium vulgare)* mit Nektar. Brandenburg, 14.8.2022.

Helle Erdhummel

Bombus lucorum Linnaeus, 1761
—*Bombus*

AUSSEHEN

Die Helle Erdhummel ist im Gelände oft nicht sicher von anderen Erdhummeln zu unterscheiden; das gilt insbesondere für die Arbeiterinnen. Königinnen und Männchen lassen sich in vielen Fällen mit etwas Übung bestimmen. Gesicht und Rüssel sind sehr kurz. Die Königinnen sind im Durchschnitt etwas kleiner als jene der Dunklen Erdhummel und werden bis zu 21 mm lang. Arbeiterinnen erreichen 9–16, Männchen 14–16 mm. Der hellgelbe Kragen der Königinnen ist breit, endet aber an den Seiten etwa in Höhe der Flügelansätze. Tergit 2 ist ebenfalls hellgelb behaart. Tergit 4 und 5 sind weiß, der Rest des Körpers ist schwarz.

Die Männchen sind sehr variabel gefärbt, besitzen aber zwei wichtige Merkmale: Die Behaarung im Gesicht ist ausgedehnt gelb, und die schwarze Thoraxbehaarung weist zahlreiche graue Haarspitzen auf. Dunkle Männchen ähneln ansonsten Königinnen und Arbeiterinnen, während hellere Männchen auch auf dem Scutellum, dem 1. Tergit und der Unterseite des Thorax gelb behaart sind. Bei sehr hellen Männchen ist fast die gesamte dunkle Behaarung durch gelbe Haare ersetzt. Eine Verwechslung ist bei dunkleren Formen mit den Männchen der seltenen Großen Erdhummel *(Bombus magnus)* möglich.

NISTWEISE

Die Helle Erdhummel nistet unterirdisch, bevorzugt in Nagetierbauten. Die Völker erreichen im Sommer eine Stärke von bis zu 400 Individuen.

BLÜTENBESUCH

Wie die Dunkle Erdhummel besucht auch diese Art eine große Vielfalt an Blütenpflanzen.

LEBENSRAUM UND FLUGZEIT

Die Helle Erdhummel ist eine typische Bewohnerin lichter Wälder und Waldränder, besiedelt daneben aber auch zahlreiche andere Lebensräume wie Parks und Gärten. Nestsuchende Königinnen erscheinen ab März,

Königin der Hellen Erdhummel an Weidenblüten (*Salix* sp.). Brandenburg, 21.3.2024.

Helle Erdhummel

Jungköniginnen und Männchen fliegen von Juli bis Mitte August aus.

VERBREITUNG
Die Helle Erdhummel ist nahezu über ganz Europa einschließlich der Britischen Inseln und Islands verbreitet, und zwar von Sizilien bis nach Lappland. In den Gebirgen erreicht sie Höhen von über 2.000 m.

UNTERARTEN
Die Helle Erdhummel neigt trotz ihres riesigen Verbreitungsgebiets nicht zur Ausbildung geografischer Unterschiede. Daher fliegt ssp. *lucorum* fast in ganz Europa; lediglich Sardinien weist mit ssp. *aritzoensis* eine eigene Unterart auf.

KUCKUCKSHUMMEL
Böhmische Kuckuckshummel *(Bombus bohemicus)*.

ÄHNLICHE ARTEN
Dunkle Erdhummel *(Bombus terrestris)*, Kryptarum-Erdhummel *(Bombus cryptarum)*, Große Erdhummel *(Bombus magnus)*, in Skandinavien und auf den Britischen Inseln auch die Glockenblumenhummel *(Bombus soroeensis soroeensis)*.

Dieses recht dunkle Männchen der Hellen Erdhummel trinkt Nektar an Schmalblättrigem Weidenröschen *(Epilobium angustifolium)*. Norwegen, Vestland, 27.7.2023.

Diese Königin der Hellen Erdhummel stärkt sich am Nektar der Purpurroten Taubnessel *(Lamium purpureum)*, die zu Frühjahrsbeginn stets viele Hummeln anlockt. Brandenburg, 9.4.2023.

Porträt eines typisch gefärbten Hellen Erdhummel-Männchens. Charakteristisch sind die gelbe Gesichtsbehaarung und der grau-gelbe Gesamteindruck. Schweden, Örebro, 19.7.2024

Bei diesem Hellen Erdhummel-Männchen dominiert insgesamt die ausgedehnt gelbe Behaarung. Sachsen-Anhalt (Harz), 12.7.2020.

Große Erdhummel

Bombus magnus Vogt, 1911
—*Bombus*

AUSSEHEN

Die Große Erdhummel zählt zu den äußerst schwierig bestimmbaren Arten. Nur die Königinnen, die eine Größe von 22 mm erreichen, können einigermaßen sicher identifiziert werden. Die Männchen (14–16 mm) lassen sich mit etwas Übung zuordnen, bei den Arbeiterinnen (11–17 mm) ist dies im Gelände in der Regel nicht möglich. Die Große Erdhummel zeigt das typische Erdhummel-Muster: Grundfarbe schwarz, gelber Kragen, 2. Tergit gelb, 4. und 5. Tergit weiß. Bei den Königinnen reicht der hellgelbe, breite Kragen arttypisch weit bis unter die Flügelansätze und verbreitert sich hier noch einmal deutlich.

Auch wenn Arbeiterinnen der Großen Erdhummel in der Regel unbestimmbar sind, zeigen einzelne Exemplare doch ein besonderes Merkmal, das sie von allen anderen in Mitteleuropa heimischen Erdhummeln unterscheidet: Sie sind nicht nur auf dem zweiten, sondern auch auf dem ersten Tergit ausgedehnt gelb behaart; gelegentlich sind sogar am Scutellum gelbe Haare zu erkennen.

Noch deutlicher sind diese Merkmale bei den Männchen ausgeprägt: Der Hinterleib ist auf den ersten beiden Tergiten leuchtend gelb behaart, und das Scutellum zeigt einen deutlichen Saum von gelben Haaren. Außerdem läuft der hellgelbe Kragen seitlich weit herab und wird hier von besonders langen Haaren geformt. Auf dem Gesichtsschild befindet sich ein gelbes Haarbüschel, eingefasst von schwarzen Haaren. Insgesamt wirken die Männchen im Vergleich zu anderen Erdhummeln sehr kontrastreich und farbenfroh. Sie sind lediglich mit dunkleren Männchen der Hellen Erdhummel zu verwechseln. Diese tragen aber im Normalfall auf den schwarzen Körperpartien graue Haarspitzen, außerdem ist ihr Gesicht ausgedehnter gelb behaart.

Erdhummeln unterliegen einer recht hohen Variabilität, so dass die Ausprägung spezifischer Merkmale zwar statistisch signifikant zugeordnet werden kann, es aber Überlappungsbereiche gibt. So sind in Einzelfällen Fehlbestimmungen nicht auszuschließen, wie genetische Untersuchungen gezeigt haben. Daher ist es an einem

Königin der Großen Erdhummel an Heidelbeerblüten. Gut erkennbar ist der breite, weit unter den Flügelansatz reichende hellgelbe Kragen. Brandenburg, 27.4.2023.

Fundort für eine sichere Ansprache der Art hilfreich, mehrere Individuen mit klarer Merkmalsausprägung nachzuweisen und bei der Großen Erdhummel auch Lebensraum und Flugzeit mit in die Betrachtung einzubeziehen.

NISTWEISE
Die Große Erdhummel nistet unterirdisch, bevorzugt in Nagetierbauten. Das Volk erreicht eine Größe von bis zu 300 Individuen.

BLÜTENBESUCH
Obwohl die Art auch an anderen Gattungen wie Klee *(Trifolium)* und Wachtelweizen *(Melampyrum)* Pollen und Nektar sammelt, ist ihre Präferenz für Heidekrautgewächse (Ericaceae) stark ausgeprägt. Eine besondere Rolle spielen die Gattungen *Erica*, *Vaccinium* und *Calluna*, also beispielsweise Glockenheide *(Erica tetralix)*, Heidelbeere *(Vaccinium myrtillus)* und Besenheide *(Calluna vulgaris)*.

LEBENSRAUM UND FLUGZEIT
Die Große Erdhummel ist eine wichtige Charakterart von Moor- und Heidegebieten. Sie gilt als selten. Die Datenlage ist wegen der schwierigen Bestimmbarkeit allerdings unklar. Das Lebensraumspektrum reicht von Bergheiden in den Pyrenäen über küstennahe Feuchtheiden bis zu ehemaligen Truppenübungsplätzen in Brandenburg, auf denen große, offene Besenheidebestände auf sandigem Boden von Kiefern- und Mischwäldern mit flächendeckendem Unterwuchs an Heidelbeere umgeben sind. Hier beginnen die Königinnen mit der Nestgründung zur Blütezeit der Heidelbeere ab Mitte April. Männchen fliegen erst Anfang bis Mitte September zahlreich an der Besenheide. Der Lebenszyklus der Völker vollzieht sich also im Schnitt deutlich später im Jahr als bei der Hellen Erdhummel.

VERBREITUNG
Der Verbreitungsschwerpunkt der Großen Erdhummel liegt in den atlantisch geprägten Regionen West-, Mittel- und Nordeuropas einschließlich der Britischen Inseln. Sie fehlt auf dem Balkan sowie fast im gesamten Mittelmeerraum. Im östlichen Europa ist sie nur vereinzelt nachgewiesen.

ÄHNLICHE ARTEN
Helle Erdhummel *(Bombus lucorum)*, Kryptarum-Erdhummel *(Bombus cryptarum)*, Dunkle Erdhummel *(Bombus terrestris)*, in Skandinavien, auf den Britischen Inseln und in den Pyrenäen auch die Glockenblumenhummel (*Bombus soroeensis* ssp. *soroeensis* und ssp. *lectitatus*).

Diese Königin der Großen Erdhummel hat bereits weißen Heidelbeerpollen gesammelt. Brandenburg, 27.4.2023.

Nestsuchende Königin der Großen Erdhummel. Brandenburg, 27.4.2023.

Pollensammelnde Arbeiterin der Großen Erdhummel an Besenheide. Deutlich ist eine gelbe Behaarung auf dem 1. Tergit sichtbar. Brandenburg, 23.8.2023.

Dieses typisch kontrastreich gefärbte Männchen der Großen Erdhummel trinkt Nektar an Besenheide auf einem ehemaligen Truppenübungsplatz, heute Sielmanns Naturlandschaft Tangersdorfer Heide. Brandenburg, 9.9.2022.

Porträt eines Männchens der Großen Erdhummel mit „dezent" gelber Gesichtsbehaarung. Brandenburg, 9.9.2022.

Blühende Heidelbeeren *(Vaccinium myrtillus)* im Wald von Sielmanns Naturlandschaft Kyritz-Ruppiner Heide, charakteristischer Frühjahrslebensraum der Königinnen der Großen Erdhummel. Brandenburg, 27.4.2023.

Blühende Besenheide *(Calluna vulgaris)* als wichtige Nahrungsressource der Großen Erdhummel. Brandenburg, 23.8.2023.

Kryptarum-Erdhummel

Bombus cryptarum Fabricius, 1775
—*Bombus*

AUSSEHEN
Die Kryptarum-Erdhummel ist äußerst schwer zu bestimmen, da im Gelände allenfalls die Königinnen einigermaßen sicher von anderen Erdhummeln unterschieden werden können. Sie werden bis zu 20 mm lang; Arbeiterinnen messen 9–16 mm, Männchen 13–16 mm.
Wie die nah verwandten Arten trägt die ansonsten schwarze Hummel einen gelben Kragen, eine breite gelbe Querbinde auf dem 2. Tergit und ist auf den Tergiten 4 und 5 weiß behaart. Bei den Königinnen reicht der Kragen seitlich unter die Flügelansätze herab. Auf Höhe der Flügelansätze wird der Kragen aber jeweils durch eine dünne schwarze Linie unterbrochen, die s-förmig gekrümmt ist. Der gelbe Kragen ist oft mit schwarzen Haaren durchsetzt und kann auch ganz fehlen.
Die Männchen tragen im Gesicht im Gegensatz zur Hellen und Großen Erdhummel nur ganz wenige gelbe Haare.

NISTWEISE
Die Kryptarum-Erdhummel nistet unterirdisch, bevorzugt in Nagetierbauten, selten auch in oberirdischen Hohlräumen. Die Völker umfassen bis zu 150 Individuen.

BLÜTENBESUCH
Obwohl verschiedene Blütenpflanzen genutzt werden, spielen Heidekrautgewächse wie Heidelbeere *(Vaccinium myrtillus)* und Besenheide *(Calluna vulgaris)* anscheinend eine wichtige Rolle für diese Art.

Bei dieser Königin der Kryptarum-Erdhummel – hier beim Nektarraub an Akelei *(Aquilegia vulgaris)* – ist das schwarze s-förmige Band, das auf Höhe des Flügelansatzes den gelben Kragen quert, sehr deutlich ausgeprägt. Schweden, Gotland, 6.6.2025.

Kryptarum-Erdhummel

LEBENSRAUM UND FLUGZEIT
Die Kryptarum-Erdhummel besiedelt offenbar ein breites Spektrum an Lebensräumen und fliegt sowohl in lichten Wäldern als auch in Heidegebieten, auf Wiesen, Weiden und Brachflächen. Sie ist deutlich seltener als Dunkle und Helle Erdhummel; allerdings ist die Datenlage unklar, weil die Kryptarum-Erdhummel im Gelände meist nicht erkannt wird. In den Alpen ist sie eine charakteristische Art des Hochgebirges und kann bis in 2.700 m Höhe beobachtet werden. Die Königinnen starten in Mitteleuropa zwischen März und Mai in die Saison, Jungköniginnen und Männchen fliegen im Juli und August aus.

VERBREITUNG
Die Kryptarum-Erdhummel kommt in Kontinentaleuropa vom Massif Central im Süden Frankreichs bis ins nördlichste Skandinavien und auf dem Balkan sowie auf den Britischen Inseln vor. Im Osten setzt sich ihr Verbreitungsgebiet in Sibirien und im Kaukasus fort.

UNTERARTEN
Die ssp. *cryptarum* mit einem eher schmalen Kragen deckt den größten Teil des europäischen Verbreitungsgebiets ab; im südlichen Massif Central, den Südalpen und auf dem Balkan fliegt ssp. *reinigianus* mit einem breiten Kragen und undeutlicher s-förmiger Linie.

ÄHNLICHE ARTEN
Helle Erdhummel *(Bombus lucorum)*, Große Erdhummel *(Bombus magnus)*, Dunkle Erdhummel *(Bombus terrestris)*, in Skandinavien und auf den Britischen Inseln auch die Glockenblumenhummel *(Bombus soroeensis soroeensis)*.

Königin der Kryptarum-Erdhummel trinkt Nektar an Heidelbeerblüten *(Vaccinium myrtillus)*. Brandenburg, 28.4.2023.

Taiga-Erdhummel

Bombus sporadicus Nylander, 1848
—*Bombus*

AUSSEHEN

Die Taiga-Erdhummel ist im Gegensatz zu den meisten anderen Erdhummeln relativ leicht zu bestimmen. Königinnen werden bis 21 mm lang, Arbeiterinnen 13–17 mm, Männchen 14–18 mm. Die Färbung ist bei Königinnen, Arbeiterinnen und Männchen recht einheitlich: Ein gelber Kragen endet seitlich etwa auf Höhe der Flügelansätze. Das Scutellum ist am hinteren Rand deutlich gelb behaart. Tergit 1 und 2 sind ebenfalls gelb, Tergit 2 meist etwas kräftiger. Tergit 3 und weitestgehend auch Tergit 4 sind schwarz, der Hinterrand von Tergit 4 ist wie Tergit 5 weiß behaart. Die Flügel sind auffallend groß und dunkel getönt. Das Gesicht ist auch bei den Männchen schwarz behaart.

BLÜTENBESUCH

Die Taiga-Erdhummel besucht verschiedene Blüten, kann im Sommer aber zuverlässig in großer Zahl an Schmalblättrigem Weidenröschen *(Epilobium angustifolium)* beobachtet werden, wo Arbeiterinnen und Männchen rastlos von Blüte zu Blüte fliegen.

Arbeiterin der Taiga-Erdhummel mit grünlicher Pollenladung im Körbchen. Schweden, Norrbotten, 26.7.2024.

Diese Arbeiterin der Taiga-Erdhummel trinkt Nektar an Schmalblättrigem Weidenröschen. Norwegen, Vestland, 27.7.2023.

Taiga-Erdhummel

LEBENSRAUM UND FLUGZEIT
Die Taiga-Erdhummel ist eine Charakterart der Taiga. Die Königinnen starten im Mai in die Flugsaison, ab Juni erscheinen die Arbeiterinnen; Männchen und Jungköniginnen fliegen zwischen Mitte Juli und Mitte September aus.

VERBREITUNG
Die Art ist in der Taiga Skandinaviens heimisch und kann somit in Norwegen, dem mittleren und nördlichen Schweden sowie in Finnland angetroffen werden. Östlich davon ist sie bis weit nach Asien hinein verbreitet.

ÄHNLICHE ARTEN
Bei oberflächlicher Betrachtung kann die Fjellhummel *(Bombus balteatus)* ähnlich erscheinen. Die schwarze Querbinde auf dem Hinterleib ist bei ihr aber viel schmaler ausgeprägt.

Die großen dunklen Flügel werden – wie bei diesem Taiga-Erdhummel-Männchen – in den kurzen Flugpausen beim Blütenbesuch meist im 45-Grad-Winkel abgespreizt. Schweden, Norrbotten, 26.7.2024.

Solche üppigen Bestände von Schmalblättrigem Weidenröschen *(Epilobium angustifolium)* werden von der Taiga-Erdhummel reich frequentiert. Norwegen, Vestland, 27.7.2023.

Dunkle Erdhummel

Bombus terrestris Linnaeus, 1758
—*Bombus*

AUSSEHEN

Eine große Hummelart: Die Königinnen werden bis zu 23 mm lang, Arbeiterinnen erreichen 11–17 mm, Männchen 14–16 mm. Kopf und Rüssel sind wie bei allen Erdhummeln sehr kurz. Die Grundfärbung ist schwarz. Nur die Königinnen sind in Mittel- und Nordeuropa ohne optische Hilfsmittel einigermaßen sicher von den anderen Erdhummeln zu unterscheiden. Der Kragen ist bei ihnen dunkelgelb und schmal, er reicht seitlich nicht unter die Flügelansätze herab. Oft ist er mit schwarzen Haaren durchmischt; er kann auch ganz fehlen. Tergit 2 ist gelb, die Tergite 4 und 5 sind weiß behaart.
Die Männchen sind im Gesicht vollständig schwarz behaart und daher nur mit Männchen der Kryptarum-Erdhummel zu verwechseln. Im Unterschied zur Hellen Erdhummel ist die schwarze Behaarung der Männchen an Thorax und Abdomen nicht durch graue Haarspitzen aufgehellt.

Diese Königin der Dunklen Erdhummel erfüllt ihre natürliche Rolle als wichtige Bestäuberin an Pflaumenblüten. Brandenburg, 21.3.2020.

Königin der Dunklen Erdhummel an Weidenblüten (*Salix* sp.), die im zeitigen Frühjahr eine wichtige erste Nahrungsquelle für viele Hummeln und andere Wildbienen darstellen. Brandenburg, 8.4.2020

Dunkle Erdhummel

NISTWEISE
Erdhummeln nisten fast immer unterirdisch, am liebsten in Mäusenestern. Die Dunkle Erdhummel ist aber sehr flexibel: Ihr Nest kann sowohl bis zu 1,5 m tief in der Erde als auch unter Heu in Ställen liegen. Die Völker erreichen im Sommer eine Stärke von bis zu 600 Individuen.

BLÜTENBESUCH
Es wird ein breites Spektrum an unterschiedlichen Blüten besucht. Die kurzrüsseligen Hummeln begehen häufig Nektarraub, zum Beispiel an Schmetterlings- und Lippenblütlern.

LEBENSRAUM UND FLUGZEIT
Die Dunkle Erdhummel besiedelt als Ubiquist nahezu alle halbwegs strukturreichen Lebensräume, auch Parks und Gärten. Nestsuchende Königinnen erscheinen ab Ende Februar, Jungköniginnen und Männchen fliegen vor allem im Juli/August aus. Im Spätherbst kann offenbar teilweise noch eine 2. Generation erscheinen. In warmen Regionen Südeuropas legen die Königinnen eine Sommerpause von Juli bis September ein und gründen neue Völker im Herbst und Winter.

VERBREITUNG
Die Dunkle Erdhummel ist nahezu über ganz Europa einschließlich der Britischen Inseln verbreitet, von Nordafrika und den Kanaren bis nach Skandinavien und in die Türkei. Es ist bemerkenswert, dass sie im gesamten europäischen Mittelmeerraum vorkommt, auch in ausgeprägt trockenheißen Regionen. Während sie das Hochgebirge und den hohen Norden bis vor wenigen Jahren gemieden hat, dringt sie aktuell in Skandinavien immer weiter nach Norden vor und besiedelt zunehmend die Hochlagen der europäischen Gebirge. Weltweit wird zudem ihre Ausbreitung durch den Handel mit Erdhummel-Kolonien für den Bestäuber-Einsatz in Gewächshäusern, insbesondere für Tomaten, begünstigt.

UNTERARTEN
Die Unterart ssp. *terrestris* ist im gesamten mittleren und nördlichen Europa anzutreffen. Auf den Britischen Inseln fliegt ssp. *audax*, deren Königinnen am Hinterende nicht weiß, sondern ockerfarben behaart sind. Von Südfrankreich über Norditalien und den Balkan bis weit nach Asien hinein ist ssp. *dalmatinus* verbreitet, deren gelber Kragen sehr breit ausgeprägt ist. Ähnlich verhält es sich

Die Männchen der Dunklen Erdhummel sind oft sehr kontrastreich gefärbt und besuchen – hier in einem Vorgarten – gern Lavendelblüten. Ein wichtiges Merkmal ist die schwarze Gesichtsbehaarung. Von der selteneren Kryptarum-Erdhummel sind sie im Gelände nicht sicher zu unterscheiden. Schleswig-Holstein, 7.7.2019.

mit ssp. *lusitanicus* auf der Iberischen Halbinsel, den Balearen und Madeira, bei der zusätzlich die schwarze Behaarung rötlich überhaucht ist, während die Körbchenhaare und die Cuticula der Beine meist komplett rot gefärbt sind. Auch Sardinien (ssp. *sassaricus*) und Süditalien (ssp. *calabricus*) beherbergen eigene Unterarten. Die größte farbliche Abweichung zeigt ssp. *canariensis*, die einzige einheimische Hummel der Kanaren. Sie ist bis auf die weiße Behaarung am 4. und 5. Tergit komplett schwarz gefärbt. Ihr Verbreitungsgebiet umfasst die zentralen und westlichen Kanarischen Inseln.

KUCKUCKSHUMMEL

Gefleckte Kuckuckshummel *(Bombus vestalis)*.

ÄHNLICHE ARTEN

Helle Erdhummel *(Bombus lucorum)*, Kryptarum-Erdhummel *(Bombus cryptarum)*, Große Erdhummel *(Bombus magnus)*, in Skandinavien und auf den Britischen Inseln auch die Glockenblumenhummel *(Bombus soroeensis soroeensis)*.

Der Weiße Natternkopf (*Echium decaisnei* ssp. *decaisnei*) zählt zu den begehrten Nahrungsquellen der Kanaren-Erdhummel (*Bombus terrestris* ssp. *canariensis*). Im Anflug ist der charakteristisch kurze Erdhummelrüssel gut erkennbar. Spanien, Gran Canaria, 5.2.2024.

Diese Kanaren-Erdhummel sammelt Pollen und Nektar am Sprossenden Zwergginster *(Chamaecytisus proliferus)*, Spanien, Gran Canaria, 9.2.2024.

Paarung der Dunklen Erdhummel an Blutweiderich *(Lythrum salicaria)*. Brandenburg, 19.7.2013.

Rotbeinige Erdhummel

Bombus xanthopus Kriechbaumer, 1877
—*Bombus*

AUSSEHEN

Die Rotbeinige Erdhummel wurde bis vor einigen Jahren noch als Unterart der Dunklen Erdhummel *(Bombus terrestris)* angesehen. Aufgrund chemischer und genetischer Analysen wird diese stark abweichend gefärbte Hummel aber mittlerweile als eigenständige Art geführt. Im Gegensatz zu allen anderen Erdhummeln ist das Hinterende bei Königinnen, Arbeiterinnen und Männchen ab dem 4. Tergit rot behaart. Zusätzlich kann ein schmaler Streifen roter Haare auf dem 3. Tergit ausgebildet sein. Ein gelber Kragen und eine schmale gelbe Querbinde auf dem 2. Tergit sind meist nur angedeutet oder fehlen ganz. Die Ausprägung dieser Querbinden ist jedoch sehr variabel; seltener treten helle Exemplare mit deutlichem Kragen und breiter gelber Querbinde auf dem 2. Tergit auf. Charakteristisch ist die rote Färbung der Beine, insbesondere der Schienen der Hinterbeine einschließlich der Körbchenhaare.

Diese Arbeiterin der Rotbeinigen Erdhummel hat bereits eine beachtliche Pollenladung gesammelt. Frankreich, Haute-Corse, 20.5.2024.

Als kurzrüsselige Hummel begeht die Rotbeinige Erdhummel häufig Nektarraub – wie diese Arbeiterin an der Purpur-Platterbse *(Lathyrus clymenum)*. Frankreich, Haute-Corse, 20.5.2024.

Rotbeinige Erdhummel

LEBENSRAUM UND FLUGZEIT

Auf Korsika werden nahezu alle Lebensräume von der Küste bis ins Hochgebirge besiedelt. Die Art ist auf der Insel die mit Abstand häufigste Hummel. Zumindest in Küstennähe fliegt sie während des gesamten Jahres. Wahrscheinlich werden Nester hier nach einer kurzen Sommerpause vorwiegend im Herbst gegründet.

VERBREITUNG

Endemisch auf Korsika sowie den Nachbarinseln Elba und Capraia.

KUCKUCKSHUMMEL

Gefleckte Kuckuckshummel (*Bombus vestalis* ssp. *perezi*).

ÄHNLICHE ARTEN

Auf Korsika zeigen mehrere weitere Hummelarten das schwarz-rote Farbmuster der Rotbeinigen Erdhummel. Ihre Kuckuckshummel *(Bombus vestalis perezi)* ist an der durchgehenden, gleichmäßigen Behaarung der Hinterschienen (keine glänzende Fläche, kein Körbchen) zu erkennen. Die Feldhummel *(Bombus ruderatus corsicola)* und die hier viel seltenere Gartenhummel *(Bombus hortorum jonghei)* unterscheiden sich durch das lange Gesicht und den langen Rüssel von der Rotbeinigen Erdhummel. Die ebenfalls seltene Mooshummel *(Bombus muscorum pereziellus)* ist auf dem Hinterleib ausgedehnter orange gefärbt. Andere typischerweise schwarz-rot gefärbte Hummeln wie Stein-, Gras- oder Glockenblumenhummel fehlen auf Korsika.

Die nah mit der Hellen Erdhummel *(Bombus lucorum)* verwandte, ebenfalls auf Korsika endemische Art *Bombus renardi* ist heller gefärbt: Das Hinterende ist nicht rot, sondern weiß bis hellorange, und die Männchen zeigen eine ausgedehnte hellgelbe Behaarung. Sie bevorzugt in ihrer Verbreitung das höhere Bergland der Insel.

Ein helles Männchen der Rotbeinigen Erdhummel mit gelbem Kragen und breiter gelber Binde auf dem 2. Tergit trinkt Nektar an Dornigem Wundklee *(Anthyllis hermanniae)*. Frankreich, Haute-Corse, 23.5.2024.

Ein dunkel gefärbtes Männchen der Rotbeinigen Erdhummel. Frankreich, Haute-Corse, 20.5.2024.

Blütenreiche Offenflächen inmitten der Küsten-Macchie – hier nahe Saint-Florent an der Nordküste Korsikas – sind beliebte Lebensräume der Rotbeinigen Erdhummel. Frankreich, Haute-Corse, 20.5.2024.

Im felsigen Gebirge Korsikas wirkt der Dornige Wundklee *(Anthyllis hermanniae)* wie ein Magnet auf Hummeln. Die abgebildete Pflanze auf 1.200 m Höhe wurde von zahlreichen Rotbeinigen Erdhummeln *(Bombus xanthopus)* und ihren Kuckuckshummeln *(Bombus vestalis perezi)* besucht. Frankreich, Haute-Corse, 23.5.2024.

Marschhummel

Bombus cullumanus Kirby, 1802
—*Cullumanobombus*

AUSSEHEN

Königinnen und Arbeiterinnen sind schwarz behaart, die Tergite 4–6 rot. Ein heller Kragen ist allenfalls schwach angedeutet. Die Männchen hingegen sind sehr bunt, mit einer hellgelben Behaarung im Gesicht, auf dem Scheitel, auf dem Thorax (bis auf einen schwarzen Querstreifen zwischen den Flügeln) und auf den ersten beiden Tergiten. Tergit 3 ist überwiegend schwarz, die Tergite 4–7 sind hellrot behaart.

NISTWEISE

Unbekannt.

BLÜTENBESUCH

Schmetterlingsblütler (Klee, Esparsette) und Korblütler (Disteln, Kletten) sind wichtige Nahrungspflanzen.

LEBENSRAUM

Die Marschhummel trägt ihren Namen, weil die westeuropäische Unterart ssp. *cullumanus* vor allem in offenen, küstennahen Lebensräumen gefunden wurde. Auch in kalkreichen Ebenen mit großen Beständen an Klee und anderen Schmetterlingsblütlern kam sie vor.

VERBREITUNG

Die Marschhummel war ursprünglich von Schweden bis Spanien verbreitet, zum Beispiel auf Öland (zuletzt 1976), in Dänemark, an der Westküste Schleswig-Holsteins, in den Niederlanden auf den Westfriesischen Inseln, in England (zuletzt 1941), Belgien und Frankreich. Ein letzter dokumentierter Fund einer Arbeiterin datiert aus dem Jahr 2009 in den spanischen Pyrenäen – möglicherweise

Eine Königin der Marschhummel, ssp. *cullumanus*, die im Museum für Naturkunde Berlin aufbewahrt ist. Das Etikett verweist auf den Fund in der „Friesischen Marsch" an der Nordseeküste Schleswig-Holsteins im Jahr 1883.

muss die atlantisch verbreitete Unterart ssp. *cullumanus* damit insgesamt als ausgestorben gelten.

UNTERARTEN

Bei der ssp. *serrisquama* weisen auch weibliche Tiere einen breiten hellgelben Kragen auf und sind auf dem Scutellum sowie den Tergiten 1–2 hellgelb behaart. Die Unterart ist an Steppen gebunden, und zwar in Nordspanien (historisch) sowie von Ungarn (dort erloschen) bis Zentralasien und in der Kaukasusregion. Bei der ssp. *apollineus*, die im Osten der Türkei über den südlichen Kaukasus bis zum Iran verbreitet ist, sind Kragen, Scutellum und die ersten beiden Tergite weiß behaart.

ÄHNLICHE ARTEN

Königinnen und Arbeiterinnen der ssp. *cullumanus* sind äußerst schwer von der Steinhummel *(Bombus lapidarius)* zu unterscheiden. Zur Bestimmung kann der Basitarsus der Hinterbeine herangezogen werden, der bei der Steinhummel matt und rötlich behaart ist.

Die ausgedehnt gelb gefärbte Marschhummel-Unterart ssp. *serrisquama* kam einst auch in den Steppen Spaniens und Ungarns vor. Dieses weibliche Tier im Museum für Naturkunde Berlin wurde 1908 im Nord-Kaukasus gesammelt.

Männchen der Marschhummel, ssp. *cullumanus*, in den Sammlungen des Museums für Naturkunde Berlin.

Semenov-Hummel, Taigahummel

Bombus semenoviellus Skorikov, 1910
—*Cullumanobombus*

Dieses Männchen erscheint zum Höhepunkt der recht kurzen Flugzeit dieser Art im August. Mecklenburg-Vorpommern, 12.8.2024.

AUSSEHEN

Die Semenov-Hummel zeigt einen gelben Kragen, gelbe Behaarung auf dem Scutellum und dem 1. Tergit. Das Gesicht trägt bei weiblichen und männlichen Tieren stets gelbe Haare. Das Hinterende ist ab dem 4. Tergit weiß behaart. Die Tergite 2 und 3 sind schwarz, zeigen aber oft einen Saum aus weißen Haaren am Hinterrand. Königinnen werden bis 22 mm lang, Arbeiterinnen 11–16 mm, Männchen 13–15 mm.

NISTWEISE

Das Nest wird wohl vorwiegend unterirdisch in Nagetierbauten angelegt. Die Völker bleiben klein mit bis zu 80 Individuen.

BLÜTENBESUCH

Die Semenov-Hummel besucht verschiedene Blütenpflanzen, aber es ist eine auffällige Bevorzugung von Korbblütlern (Asteraceae) erkennbar. Eine Reihe von Nachweisen erfolgten auf Rainfarn *(Tanacetum vulgare)*.

Arbeiterin der Semenov-Hummel auf Rainfarn *(Tanacetum vulgare)*. Mecklenburg-Vorpommern, 12.8.2024.

Semenov-Hummel

LEBENSRAUM UND FLUGZEIT
Wiesen und Waldränder, Parkanlagen, Ackerbrachen, Ruderalflächen und Trockenrasen zählen zu den Lebensräumen. Die Königinnen erscheinen im Frühjahr spät, erst Ende April/Anfang Mai. Arbeiterinnen fliegen von Juni bis August, Männchen und Jungköniginnen im Juli/August.

VERBREITUNG
Ursprünglich war die Semenov-Hummel nur in Osteuropa und Asien im südlichen Bereich der Taiga verbreitet. Die westlichsten Nachweise lagen Mitte des 20. Jahrhunderts in Belarus. Nachfolgend setzte eine Ausbreitung nach Westen ein. In den 1980er Jahren erfolgten Beobachtungen im Baltikum und Polen. Die ersten Funde in Deutschland stammen aus den Jahren 1994–1996 von den Oderhängen, 1998 erfolgte die erste Sichtung in Schleswig-Holstein in der Nähe von Lübeck. Es folgten Erstfunde beispielsweise in Bayern (2003), Hessen (2009) und Niedersachsen (2012) sowie Niederösterreich (2009) und Südnorwegen (2013). Die Ausbreitung verlief sehr dynamisch, scheint aber in jüngerer Zeit ins Stocken geraten zu sein. Die Häufigkeit der Semenov-Hummeln nimmt in einigen neu besiedelten Regionen wie Brandenburg zuletzt wieder deutlich ab.

ÄHNLICHE ARTEN
Das gleiche Farbmuster zeigen Gartenhummel *(Bombus hortorum)* und Heidehummel *(Bombus jonellus)*. Die Gartenhummel ist aufgrund des längeren Gesichts und der schwarzen Gesichtsbehaarung leicht von der Semenov-Hummel zu unterscheiden. Auch weibliche Heidehummeln sind im Gesicht schwarz behaart. Heidehummel-Männchen können im Gelände hingegen nicht sicher von männlichen Semenov-Hummeln unterschieden werden.

Ein charakteristisches Merkmal der Semenov-Hummel ist die helle Gesichtsbehaarung auch bei weiblichen Tieren, wie bei dieser Arbeiterin. Mecklenburg-Vorpommern, 12.8.2024.

Auf üppigen Beständen des Rainfarns *(Tanacetum vulgare)* lohnt sich eine gezielte Suche nach der Semenov-Hummel, da sie eine Vorliebe für gelbe Korbblütler zu haben scheint. Mecklenburg-Vorpommern, 12.8.2024.

Glockenblumenhummel
Bombus soroeensis Fabricius, 1793
—*Kallobombus*

AUSSEHEN
Die Glockenblumenhummel, früher als Distelhummel bezeichnet, ist mit der außergewöhnlichen Vielfalt an Farbmustern eine der interessantesten europäischen Hummelarten. Sie ist mittelgroß. Königinnen erreichen eine Länge von 17 mm, Arbeiterinnen sind 10–14 mm, Männchen 12–14 mm lang. Gesicht und Zunge sind etwas länger als bei den kurzrüsseligen Erdhummeln; das Gesicht wird in der Porträtansicht als „herzförmig" bezeichnet.
Das Aussehen unterscheidet sich in den einzelnen Unterarten sehr stark; drei davon sind in unterschiedlichen Regionen Europas recht weit verbreitet:
In West- und Mitteleuropa (ohne Großbritannien und die Pyrenäen) ist die ssp. *proteus* heimisch. Königinnen und Arbeiterinnen sind in der Regel schwarz gefärbt, die Tergite 4–6 jedoch hellrot behaart. Ein gelber Kragen, eine gelbe Querbinde auf dem 2. Tergit und gelbe Haare auf dem 1. Tergit können zusätzlich ausgebildet oder angedeutet sein. Die Männchen sind typischerweise ebenfalls schwarz mit roter Behaarung der Tergite 4–7. Auffällig sind lange gelbe Haare seitlich am Thorax, unterhalb der Flügelansätze. Manchmal ist aber auch ein kompletter gelber Kragen ausgebildet. Auf dem 1. und 2. Tergit sind häufig gelbe Haarbüschel in der Mitte zu sehen. Aber beide Tergite können auch ausgedehnt gelb behaart sein. Das Gesicht ist typischerweise schwarz behaart – ein wichtiges Unterscheidungsmerkmal zu ähnlichen Arten wie Stein- und Wiesenhummel, deren Männchen stets eine gelbe Gesichtsbehaarung aufweisen.
In Großbritannien, Skandinavien, aber auch in Osteuropa fliegt die ssp. *soroeensis*. Ihr Hinterende (Tergite 4–6) ist nicht rot, sondern weiß, und meist tragen weibliche Tiere das gleiche Farbmuster wie die Erdhummeln mit einem gelben Kragen und einer gelben Querbinde auf dem 2. Tergit. Diese gelbe Querbinde ist in den vielen Fällen (nicht immer!) in der Mitte von schwarzen Haaren unter-

Glockenblumenhummel-Arbeiterin der ssp. *proteus* in den Alpen an Scheuchzers Glockenblume *(Campanula scheuchzeri)* in einer Höhe von rund 2.260 m. Österreich, Salzburg, 22.8.2024.

brochen (englischer Name: Broken-belted bumblebee). Im Gegensatz zur Hellen oder Dunklen Erdhummel zeigen sich gelbe Haare bei der Glockenblumenhummel oft auch auf dem 1. Tergit, und die glänzende Cuticula schimmert durch die gelbe Querbinde hindurch. Bei dieser Unterart können Kragen und gelbe Binde auch komplett fehlen, so dass die Hummeln bis auf das weiße Hinterende schwarz gefärbt sind.

Die Männchen zeigen in der Regel ein schwarz behaartes Gesicht, einen zitronengelben Kragen, der seitlich weit herabreicht (dort unterhalb der Flügelansätze ebenso lange, gelbe Haare wie bei den Männchen der ssp. *proteus*), die Tergite 1 und 2 sind zitronengelb behaart. Das weiße Hinterende zeigt auf dem 4. Tergit bei Männchen und Arbeiterinnen manchmal einen roten Saum.

Vor allem in den Pyrenäen und Süditalien lebt ssp. *lectitatus*. Der sehr breite gelbe Kragen zieht an den Seiten weit nach unten. Die Tergite 1 und 2 sind gelb behaart. Das 3. Tergit ist schwarz, die Tergite 4 und 5 weiß. Zwischen dem schwarzen und dem weißen Bereich des Hinterleibs liegt auf Tergit 4 ein rötlicher Saum als schmale Querbinde, auch das 6. Tergit (also die Spitze des Hinterleibs) ist rötlich behaart. Die Männchen sind ähnlich gefärbt, manchmal fehlt ihnen der rötliche Saum.

Schwarze Gesichtsbehaarung und lange gelbe Haare seitlich unter den Flügelansätzen sind charakteristisch für die dunklen Glockenblumenhummel-Männchen der ssp. *proteus*, hier in einem Garten an Lavendel. Brandenburg, 23.8.2020.

Diese Glockenblumenhummel-Arbeiterin (ssp. *proteus*) trägt bereits Pollen von Scheuchzers Glockenblume in ihren Körbchen. Österreich, Salzburg, 22.8.2024.

Ein sehr buntes Männchen der ssp. *proteus* mit ausgedehnter gelber Behaarung in den Alpen. Österreich, Salzburg, 21.8.2024.

Glockenblumenhummel-Männchen der ssp. *soroeensis* an Gewöhnlicher Kratzdistel *(Cirsium vulgare)*. Norwegen, Vestland, 26.7.2023.

Glockenblumenhummel-Arbeiterinnen der ssp. *soroeensis* sind Erdhummeln sehr ähnlich. Die gelbe Binde auf dem 2. Tergit ist bei diesem Exemplar aber recht schmal, durchscheinend, mittig unterbrochen und greift nahe den Rändern auf das 1. Tergit über. Norwegen, Akershus, 19.7.2023.

Glockenblumenhummel

NISTWEISE
Es gibt nur wenige Erkenntnisse zur Nistweise. Die Nester werden wohl vorwiegend unterirdisch in Nagetierbauten angelegt und bleiben mit maximal 150 Individuen recht klein.

BLÜTENBESUCH
Die Art nutzt ein weites Spektrum an Blütenpflanzen. Sehr gern werden Disteln *(Carduus)* und Kratzdisteln *(Cirsium)* besucht, daher der einst geläufige Name „Distelhummel". Allerdings ist zur Unterscheidung von anderen Hummelarten im Gelände eher hilfreich, dass sie sehr gern gezielt an Glockenblumen *(Campanula)* Pollen und Nektar sammelt. Dabei lassen sich die Arbeiterinnen am besten nachweisen und beobachten.

LEBENSRAUM UND FLUGZEIT
Die Glockenblumenhummel wird häufiger in Wäldern oder in Waldnähe beobachtet. In ihrem südlichen Verbreitungsgebiet ist sie vor allem in den höheren Lagen der Gebirge zu finden. In den Alpen fliegt sie stellenweise sehr häufig noch deutlich oberhalb von 2.000 m; auch in den Pyrenäen zählt sie zu den häufigen Arten. In niedrigen Lagen Mitteleuropas und auch in England ist sie eine der seltenen Hummelarten, teils mit deutlichen Rückgängen in den letzten Jahrzehnten. Im südlichen und mittleren Skandinavien ist sie wiederum recht häufig. Die Flugzeit liegt in Mitteleuropa relativ spät: Königinnen erscheinen ab Ende April, die Jungköniginnen und Männchen fliegen von Mitte August bis Ende September.

VERBREITUNG
Die Glockenblumenhummel ist über weite Teile Europas verbreitet, von Nordspanien, Italien und vom Balkan über Pyrenäen, Massif Central, Karpaten und Alpen, Mitteleuropa, Großbritannien (nicht in Irland), Skandinavien und das Baltikum sowie weiter östlich bis weit nach Asien hinein.

KUCKUCKSHUMMEL
Vierfarbige Kuckuckshummel *(Bombus quadricolor)*.

ÄHNLICHE ARTEN
Die Königinnen und Arbeiterinnen der ssp. *proteus* sind im Gelände leicht mit der Steinhummel *(Bombus lapidarius)* zu verwechseln, außerdem mit weiteren Hummeln mit rotem Hinterende wie der Grashummel *(B. ruderarius)* oder auch der Wiesenhummel *(B. pratorum)*. Die ssp. *soroeensis* ist den Erdhummeln *(Bombus terrestris, B. lucorum, B. cryptarum, B. magnus)* sehr ähnlich. In den Pyrenäen ähnelt die ssp. *lectitatus* besonders der Großen Erdhummel *(B. magnus)*.

Glockenblumenhummel-Arbeiterin der ssp. *soroeensis* mit mächtigen blauen Pollenladungen an der Rundblättrigen Glockenblume *(Campanula rotundifolia)*. Schweden, Örebro, 19.7.2024.

Das leuchtende Zitronengelb der Glockenblumenhummel-Männchen der ssp. *soroeensis* lässt sie sehr auffällig erscheinen, hier an Schmalblättrigem Weidenröschen *(Epilobium angustifolium)*. Norwegen, Vestland, 27.7.2023.

Die Glockenblumenhummel-Arbeiterin der ssp. *lectitatus*, reich mit Alpenrosenpollen beladen, zeigt ein außergewöhnliches Verhalten: Sie leckt den salzigen Schweiß von menschlicher Haut auf. Frankreich, Pyrénées-Orientales, 7.7.2024.

Diese Glockenblumenhummel-Arbeiterin der ssp. *lectitatus* sammelt in den Pyrenäen an der Rostblättrigen Alpenrose *(Rhododendron ferrugineum)*. Frankreich, Pyrénées-Orientales, 7.7.2024.

Alpines Fluggebiet der Glockenblumenhummel, ssp. *proteus*, mit reichen Beständen von Scheuchzers Glockenblume *(Campanula scheuchzeri)* nahe der Großglockner-Hochalpenstraße. Österreich, Salzburg, 22.8.2024.

Die Rundblättrige Glockenblume *(Campanula rotundifolia)* als wichtige Nahrungsressource der Glockenblumenhummel, ssp. *soroeensis*, auf den blütenreichen Wiesen des Garphyttan-Nationalparks.
Schweden, Örebro, 19.7.2024.

Gartenhummel

Bombus hortorum Linnaeus, 1761
—*Megabombus*

AUSSEHEN
Die Gartenhummel ist eine recht große Hummel: Königinnen bis 22 mm, Arbeiterinnen 11–16 mm, Männchen 13–15 mm. Die Farbfolge ist sehr einheitlich: Der Thorax ist gelb-schwarz-gelb gemustert. Der Hinterleib ist zu Beginn erneut breit gelb behaart (1. Tergit), dann folgen zwei schwarze Segmente, das Körperende ist weiß. Der breite gelbe Kragen reicht wenig unter den Flügelansatz herab. Das gelbe Band auf dem Scutellum ist am Vorderrand konkav gekrümmt, wirkt also sichelförmig. Dies ist ein wichtiges Unterscheidungsmerkmal zur Feldhummel *(Bombus ruderatus)*. Kopf und Rüssel sind lang – im Unterschied zur Heidehummel *(Bombus jonellus)*. Die Gesichtsbehaarung ist stets schwarz, auch bei den Männchen.
Insbesondere in Skandinavien treten neben normal gefärbten Exemplaren auch Gartenhummeln auf, bei denen die gelben Binden mit schwarzen Haaren durchmischt sind oder völlig fehlen (f. *nigricans*). Manche Individuen dieser melanistischen Form sind sogar gänzlich schwarz behaart.

Die Purpurrote Taubnessel *(Lamium purpureum)* liefert der Gartenhummel-Königin wichtige Pollen- und Nektarressourcen in der Nestgründungsphase im Frühjahr. Brandenburg, 10.4.2023.

Diese Gartenhummel-Arbeiterin sammelt Pollen und Nektar an der Zottigen Wicke *(Vicia villosa)*. Brandenburg, 3.6.2022.

Gartenhummel

NISTWEISE

Die Gartenhummel nistet sowohl unterirdisch in Mäusenestern als auch oberirdisch in Vogelnestern und -nistkästen, Ställen, Scheunen und auf Dachböden. Ihre Völker können bis zu 120 Individuen umfassen.

BLÜTENBESUCH

Mit ihrem langen Gesicht und Rüssel bevorzugt die Gartenhummel Blüten mit tiefen Kelchen und ist daher oft an Schmetterlings- und Lippenblütlern zu beobachten.

LEBENSRAUM UND FLUGZEIT

Die Gartenhummel zählt zu den weit verbreiteten und meist noch häufigen Arten, die unterschiedliche Lebensräume besiedelt: lichte Laubwälder, Waldränder, Wiesen, Dämme, Böschungen, Parkanlagen und Gärten. In Mitteleuropa werden im März/April die Königinnen aktiv, ab Ende Juni erscheinen Jungköniginnen und Männchen, die manchmal noch teilweise eine 2. Generation bis September produzieren.

VERBREITUNG

Die Art ist nahezu über ganz Europa verbreitet. Sie dringt im Hochgebirge bis in Höhen von über 2.000 m vor. Gemieden werden nur ausgeprägte Steppen- und Tundrengebiete.

UNTERARTEN

Die ssp. *hortorum* ist die vorherrschende Unterart in Europa. Auf der Iberischen Halbinsel und in den Pyrenäen fliegt die ssp. *asturiensis* mit noch breiteren gelben Binden. Bemerkenswert ist die ssp. *jonghei*, die endemisch im Gebiet der Buchenwälder Korsikas zu finden ist. Wie mehrere andere Hummeln zeigt diese seltene Unterart die typische „Korsikatracht": Schwarz mit rotem Hinterende. Damit ist sie äußerlich kaum von der entsprechenden Unterart der Feldhummel zu unterscheiden (*Bombus ruderatus corsicola*; siehe dort), die allerdings auf Korsika deutlich weiter verbreitet ist und auch an den Küsten vorkommt.

KUCKUCKSHUMMEL

Bärtige Kuckuckshummel *(Bombus barbutellus)*.

ÄHNLICHE ARTEN

Feldhummel *(Bombus ruderatus)*, Tonerdhummel *(Bombus argillaceus)*, Heidehummel *(Bombus jonellus)*, Semenov- oder Taiga-Hummel *(Bombus semenoviellus)*. In Mitteleuropa sind diese Arten allerdings alle deutlich seltener als die Gartenhummel.

Charakteristisch für die Gartenhummel – hier eine Arbeiterin an Gewöhnlichem Natternkopf *(Echium vulgare)* – sind ihr sehr langes Gesicht und ihr langer Rüssel. Brandenburg, 22.6.2024

Dieses Gartenhummel-Männchen trinkt Nektar an Wilder Karde *(Dipsacus fullonum)*.
Schleswig-Holstein, 1.8.2022.

Ein melanistisches Gartenhummel-Männchen (f. *nigricans*) an Rotklee *(Trifolium pratense)*.
Örebro, Schweden, 22.7.2024.

Feldhummel

Bombus ruderatus Fabricius, 1775
—*Megabombus*

AUSSEHEN
Die Feldhummel ist eine große, kontrastreich gefärbte Hummel. Königinnen bis 24 mm, Arbeiterinnen 11–18 mm, Männchen 15–17 mm. Die Art ist der nah verwandten Gartenhummel sehr ähnlich und oft sehr schwer von ihr zu unterscheiden. Der Thorax ist wie bei dieser gelb-schwarz-gelb gemustert. Allerdings endet die gelbe Behaarung auf dem Scutellum vorn in einer geraden Linie, wirkt also insgesamt halbmondförmig (bei der Gartenhummel: sichelförmig). Die gelbe Querbinde auf dem 1. Tergit ist mittig oft durch schwarze Haare verdunkelt. Am Hinterrand des 3. Tergits sind bei den Arbeiterinnen seitlich gelblich weiße Haarbüschel erkennbar, 4. und 5. Tergit sind weiß behaart. Kopf und Rüssel sind lang. Die Gesichtsbehaarung ist schwarz, bei den Männchen mit wenigen gelben Haaren durchmischt. Der gelbe Kragen reicht bei den Männchen seitlich auffällig weit unter den Flügelansatz herab. Die Behaarung wirkt insgesamt meist dichter und kürzer, also weniger struppig als bei der Gartenhummel.

NISTWEISE
Die Feldhummel nistet unterirdisch in Nagetierbauten. Ihre Völker erreichen eine Stärke von rund 100 Individuen.

BLÜTENBESUCH
Die langrüsselige Feldhummel bevorzugt wie die Gartenhummel Blüten mit tiefen Kelchen, insbesondere Schmetterlings- und Lippenblütler. Sehr gern wird auch Natternkopf aufgesucht.

LEBENSRAUM UND FLUGZEIT
Die Feldhummel wird meist in offenen, trockenwarmen Lebensräumen angetroffen. Wiesen, Weiden, Feldränder

Feldhummel-Arbeiterin an Gewöhnlichem Natternkopf *(Echium vulgare)*. Brandenburg, 6.7.2023.

Feldhummel-Männchen im Profil mit charakteristisch ausgedehnter gelber Behaarung unter dem Flügelansatz. Brandenburg, 7.7.2023.

und Böschungen zählen zu ihren bevorzugten Habitaten, in manchen Regionen kann sie auch in Gärten vorkommen. In Mitteleuropa ist sie sehr selten, in mehreren deutschen Bundesländern wie Schleswig-Holstein oder Nordrhein-Westfalen gilt sie als ausgestorben, in anderen als vom Aussterben bedroht oder – insbesondere wegen der Verwechslungsgefahr mit der Gartenhummel – als Art mit unklarer Datenlage.

VERBREITUNG

Das Verbreitungsgebiet der Feldhummel erstreckt sich über Mittel- und Westeuropa, außerdem über den westlichen Mittelmeerraum von Portugal bis Italien sowie Nordafrika. Im Norden ihres Verbreitungsgebiets leidet sie unter einem massiven Rückgang bis hin zum völligen Erlöschen ihrer Populationen wie in Südschweden oder den Niederlanden. Die Feldhummel fehlt in Irland, Schottland, weiten Teilen Skandinaviens und des Baltikums sowie auf dem südlichen Balkan.

UNTERARTEN

Die ssp. *autumnalis* ist die vorherrschende Unterart in Europa. In England fliegt die ssp. *perniger*, deren gelbe

Feldhummel-Männchen. Typisch für die Art die ausgedehnte Gelbfärbung auf dem Scutellum, das sich dadurch wie ein Halbmond zwischen den Flügeln abzeichnet. Brandenburg, 7.7.2023.

und weiße Binden meist durch schwarze Haare verdunkelt sind. Regelmäßig treten ganz schwarz gefärbte Exemplare auf. Auf Madeira und in weiten Teilen der Iberischen Halbinsel fliegt die ssp. *ruderatus* mit noch deutlich ausgedehnterer Gelbfärbung als bei ssp. *autumnalis*. Die stärkste farbliche Abweichung weist die ssp. *corsicola* auf Korsika auf, die fast gänzlich schwarz gefärbt ist bis auf das blassrot gefärbte Hinterende (4. und 5. Tergit) sowie teilweise rote Behaarung an den Beinen (einschließlich Corbicula) und manchmal am Scutellum. Sie ist auf der Insel regional auch an den Küsten nicht selten. Durch das lange Gesicht und den langen Rüssel ist sie hier von der ansonsten ähnlich gefärbten, deutlich häufigeren Erdhummel *Bombus xanthopus* zu unterscheiden.

KUCKUCKSHUMMEL
Bärtige Kuckuckshummel *(Bombus barbutellus)*.

ÄHNLICHE ARTEN
Gartenhummel *(Bombus hortorum)*, Tonerdhummel *(Bombus argillaceus)*, Heidehummel *(Bombus jonellus)*, Semenov- oder Taiga-Hummel *(Bombus semenoviellus)*.

Auf Korsika fliegt die ssp. *corsicola* mit stark abweichender, schwarz-roter Behaarung; hier eine Arbeiterin an Gelbem Teerkraut *(Parentucellia viscosa)*. Frankreich, Haute-Corse, 21.5.2024.

Feldrand mit üppigem Bestand von Gewöhnlichem Natternkopf als Lebensraum der Feldhummel. Brandenburg, 7.7.2023.

Tonerdhummel

Bombus argillaceus Scopoli, 1763
—*Megabombus*

AUSSEHEN

Die Tonerdhummel ist eine sehr große Art: Königinnen können bis 28 mm Länge erreichen. Arbeiterinnen werden 8–19 mm, Männchen 12–17 mm lang. Die Königinnen weisen eine sehr charakteristische Färbung auf: Kragen und Scutellum sind breit schwefelgelb behaart; die Behaarung wirkt kurz und dicht. Ansonsten ist der Körper komplett schwarz gefärbt. Auch die Flügel sind tiefschwarz getönt (englisch: Dark-winged bumblebee). Bei Arbeiterinnen und Männchen ist das 1. Tergit ebenfalls gelb. Das Hinterende (Tergite 4–5 bei Arbeiterinnen, 4–6 bei Männchen) ist weiß behaart. Insgesamt sind die Haare recht gleichmäßig kurz und samtartig. Gesicht und Rüssel sind auffallend lang.

NISTWEISE

Die Tonerdhummel nistet unterirdisch in Nagetierbauten. Die Nester können mit bis zu 500 Individuen eine beachtliche Größe erreichen.

BLÜTENBESUCH

Als langrüsselige Art bevorzugt die Tonerdhummel Blüten mit tiefen Kelchen: Lippenblütler wie Taubnesseln *(Lamium)* und Ziest *(Stachys)*, Schmetterlingsblütler wie Wicken *(Vicia)* und Raublattgewächse wie Natternkopf *(Echium)* und Ochsenzunge *(Anchusa)*.

Diese Tonerdhummel-Königin trinkt Nektar an der Purpurroten Taubnessel *(Lamium purpureum)* im Umfeld von Graz. Österreich, Steiermark, 13.4.2025.

LEBENSRAUM UND FLUGZEIT

Die Tonerdhummel fliegt in offenen, trockenwarmen Lebensräumen, auch innerhalb von Ortschaften. Die Königinnen erscheinen nach der Überwinterung von Ende März bis Mai. Arbeiterinnen treten ab Mitte Mai auf, Jungköniginnen und Männchen von August bis Anfang Oktober.

VERBREITUNG

Das Verbreitungsgebiet der Tonerdhummel erstreckt sich vom Südosten Frankreichs über die südliche Schweiz, Norditalien, Österreich, die Slowakei, Ungarn, Rumänien, die Balkanländer und die Türkei bis in den Nordwesten des Iran. Sie ist auch auf Kreta, im Libanon und in der Ukraine heimisch. Am nördlichen Rand ihres Verbreitungsgebiets breitet sich die Tonerdhummel aktuell aus. Im Jahr 2024 erfolgte der Erstnachweis für Deutschland im Landkreis Garmisch-Partenkirchen.

KUCKUCKSHUMMEL

Wahrscheinlich die Bärtige Kuckuckshummel *(Bombus barbutellus)*.

ÄHNLICHE ARTEN

Königinnen sind unverwechselbar. Arbeiterinnen und Männchen können mit Gartenhummel *(Bombus hortorum)*, Feldhummel *(Bombus ruderatus)* oder auch Erdbauhummel *(Bombus subterraneus)* verwechselt werden. Allerdings ist die gelbe Behaarung am Thorax bei der Tonerdhummel am weitesten ausgedehnt, der schwarze Querstreifen zwischen den Flügelansätzen ist sehr schmal. Besonders groß ist die Verwechslungsgefahr mit der Feldhummel. Jedoch ist die Behaarung der Tonerdhummel noch kürzer und gleichmäßiger, außerdem sind ihre Flügel dunkler getönt. Auf dem südlichen Balkan kommt die Feldhummel nicht vor, so dass die Bestimmung hier deutlich leichter fällt.

Der einfarbig schwarze Hinterleib und die dunklen Flügel kennzeichnen die Königinnen der Tonerdhummel. Österreich, Steiermark, 13.4.2025

Diese Tonerdhummel-Arbeiterin sammelt Pollen und Nektar an Italienischem Natternkopf *(Echium italicum)* im Prespa-Nationalpark. Griechenland, Westmakedonien, 17.6.2025.

Eine kurze, gleichmäßige Behaarung und dunklere Flügel unterscheiden die Arbeiterinnen der Tonerdhummel von den nahe verwandten, ähnlichen Arten Feldhummel und Gartenhummel. Griechenland, Westmakedonien, 23.6.2025.

Eisenhuthummel

Bombus gerstaeckeri Morawitz, 1882
—*Megabombus*

AUSSEHEN

Die Eisenhuthummel ist eine eindrucksvolle Erscheinung: Königinnen erreichen eine Größe von 20–26 mm, Arbeiterinnen 15–17 mm, Männchen 16–18 mm. Sie lässt sich leicht bestimmen: Der Kopf ist schwarz und außergewöhnlich lang – auch der Rüssel ist extrem lang (bis zu 23 mm bei den Königinnen). Damit weist diese Art die größte Kopf- und Rüssellänge aller europäischen Hummelarten auf. Thorax und Tergit 1 sind struppig graugelb oder rotbraun behaart, das 2. und 3. Tergit schwarz, das Körperende weiß. Innerhalb ihres Verbreitungsgebiets ist die Eisenhuthummel unverwechselbar, eine Aufspaltung in Unterarten ist zudem nicht erkennbar.

NISTWEISE

In Mäusenestern und Felsspalten. Das Volk erreicht eine Stärke von maximal 100 Individuen.

BLÜTENBESUCH

Die Eisenhuthummel ist eine der ganz wenigen oligolektischen Hummelarten, also auf eine einzige Pflanzengattung als Pollenquelle spezialisiert. Sie ist auf Eisenhutbestände angewiesen, und zwar auf eine Kombination des in der ersten Sommerhälfte blühenden Gelben Eisenhuts *(Aconitum lycoctonum)* und der später bis in den Herbst blühenden blauen Eisenhüte (unter anderem *Aconitum napellus, Aconitum degenii*).

LEBENSRAUM UND FLUGZEIT

Die Eisenhuthummel besiedelt lichte Wälder, Waldränder, Almen und Bachtäler, sofern Hochstaudenfluren mit Eisenhut vorhanden sind. Es handelt sich um eine seltene Art mit lückiger Verbreitung, sie kann aber an geeigneten Standorten zahlreich auftreten. Erst ab Juni erscheinen in den Alpen die nestsuchenden Königinnen, Arbeiterinnen von Mitte Juli bis Ende Oktober, Männchen und Jungköniginnen fliegen von August bis Oktober aus.

VERBREITUNG

Eine Gebirgsart, die in den Alpen, Pyrenäen und – mit unklarer Datenlage – in den Karpaten in Höhen von 800–2.500 m vorkommt.

Eine Königin der Eisenhuthummel im Anflug an Gelben Eisenhut *(Aconitum lycoctonum)* in der Berchtesgadener Alpen. Bayern, 8.7.2020.

Die Eisenhuthummel-Königin zwängt sich so weit wie möglich in den Blüteneingang des Gelben Eisenhuts hinein, um mit ihrer langen Zunge zu den tief im Blütenhelm verborgenen Nektarien vorzudringen. Bayern, 8.7.2020.

Diese Eisenhuthummel-Arbeiterin hat bereits weißen Pollen des Rispen-Eisenhuts *(Aconitum degenii)* gesammelt. Österreich, Salzburg, 21.8.2024.

Die Eisenhuthummel-Arbeiterin zeigt eindrucksvoll, dass diese Art über die längste Zunge aller Hummeln Europas verfügt. Österreich, Salzburg, 21.8.2024.

Eisenhuthummel-Männchen weisen oft eine Thoraxbehaarung in einem eigentümlichen kräftigen Braungelb auf. Österreich Salzburg, 21.8.2024.

Dieses Eisenhuthummel-Männchen präsentiert seinen langen Rüssel im Abflug von einer Blüte des Rispen-Eisenhuts. Österreich, Salzburg, 21.8.2024.

Üppige Bestände des Rispen-Eisenhuts *(Aconitum degenii)* in einer Waldschneise nahe der Großglockner-Hochalpenstraße in gut 1.600 m Höhe mit individuenreichem Vorkommen von Eisenhut- und Bergwaldhummel. Österreich, Salzburg, 21.8.2024.

Nordische Eisenhuthummel

Bombus consobrinus Dahlbom, 1832
—*Megabombus*

AUSSEHEN

Die Nordische Eisenhuthummel ist nah mit der Eisenhuthummel *(Bombus gestaeckeri)* verwandt und ähnelt ihr in Aussehen und Verhalten. Königinnen erreichen eine Größe von 20–23 mm, Arbeiterinnen 12–17 mm, Männchen 15–17 mm. Kopf und Rüssel sind auffallend lang. Thorax und Tergit 1–2 sind kräftig rotbraun, Tergit 3 ist schwarz, die Tergite 4 und 5 sind verwaschen weißlich behaart. Eine Aufspaltung in Unterarten ist innerhalb Europas nicht erkennbar.

NISTWEISE

Wenig bekannt, vermutlich in Nagetierbauten.

BLÜTENBESUCH

Die Nordische Eisenhuthummel ist eng an den Nördlichen Eisenhut *(Aconitum septentrionale)* als Nahrungsquelle gebunden.

LEBENSRAUM UND FLUGZEIT

Die Nordische Eisenhuthummel fliegt in Hochstaudenfluren mit Nördlichem Eisenhut. Diese finden sich an Wald-, Weg- und Gewässerrändern, an Hängen und in lichten Wäldern. Die kurze Flugsaison reicht von Juni bis August. Männchen erscheinen meist erst im August.

VERBREITUNG

Der europäische Verbreitungsschwerpunkt liegt in Norwegen und Schweden, wo die Nordische Eisenhuthummel in der Taigaregion bis in Höhen von 1.300 m vorkommt. In Finnland ist sie nur sehr lokal im Osten des Landes anzutreffen; von hier aus erstreckt sich ihr weiteres Verbreitungsgebiet durch Sibirien bis nach Ostasien.

ÄHNLICHE ARTEN

Baumhummel *(Bombus hypnorum)* und Taigahummel *(B. cingulatus)* sind ähnlich gefärbt, aber nur bei oberflächlicher Betrachtung mit dieser Art zu verwechseln. Die kräftigere Gestalt und vor allem der sehr lange Rüssel sind eindeutige Merkmale der Nordischen Eisenhuthummel.

Diese Nordische Eisenhuthummel trägt bereits weißen Pollen des Nördlichen Eisenhuts in ihrem Sammelkörbchen. Norwegen, Innlandet, 24.7.2023.

Die Nordische Eisenhuthummel nutzt ihren langen Rüssel, um den Eisenhut-Nektar tief im Inneren der Blüte zu erreichen. Norwegen, Innlandet, 24.7.2023.

Im Anflug auf den Nördlichen Eisenhut *(Aconitum septentrionale)* sind das lange Gesicht und der lange Rüssel der Nordischen Eisenhuthummel gut erkennbar. Norwegen, Innlandet, 19.7.2023.

Solche üppigen Bestände des Nördlichen Eisenhuts sind begehrte Nahrungsquellen der Nordischen Eisenhuthummel. Norwegen, Innlandet, 24.7.2023.

Steinhummel
Bombus lapidarius Linnaeus, 1758
—*Melanobombus*

AUSSEHEN
Die Königinnen der Steinhummel werden bis zu 22 mm lang, Arbeiterinnen 12–16 mm, Männchen 14–16 mm. Die Färbung der weiblichen Tiere ist recht einheitlich: Ab Tergit 4 ist der Hinterleib kräftig rot, ansonsten ist der gesamte Körper schwarz. Die Behaarung wirkt relativ kurz und gleichmäßig. Auf dem 6. Tergit, also nahe der Spitze des Hinterleibs, trägt die Königin einen kahlen runden Fleck.
Die Männchen sind durch gelbe Haare im Gesicht und auf dem Scheitel gekennzeichnet und tragen einen gelben Kragen. Am Scutellum finden sich oft ebenfalls gelbe Haare, manchmal auch auf dem 1. Tergit.

NISTWEISE
Die Steinhummel nistet unterirdisch in Nagetierbauten ebenso wie oberirdisch in Vogelnistkästen, Mauerspalten, Scheunen oder auf Dachböden. Die großen Völker können bis zu 300 Individuen umfassen.

BLÜTENBESUCH
Steinhummeln besuchen eine große Vielfalt an Pflanzenarten; sie zeigen keine erkennbare Spezialisierung.

LEBENSRAUM UND FLUGZEIT
Die weit verbreitete und häufige Art ist an Waldrändern, auf Wiesen und Weiden, an Wegrändern und Böschungen und sehr oft in Gärten zu finden. Ab Mitte März erscheinen die Königinnen; Arbeiterinnen fliegen von April bis September. Mitte bis Ende Juli sind Männchen oft zahlreich zu beobachten; sie können bis in den Herbst hinein auftreten.

Diese Steinhummel-Königin sammelt Pollen und Nektar an der Purpurroten Taubnessel *(Lamium purpureum)*. Brandenburg, 23.4.2023.

Steinhummel

VERBREITUNG
Die Steinhummel ist nahezu über ganz Europa verbreitet, fehlt allerdings auf den meisten Mittelmeerinseln. In Skandinavien breitet sie sich aktuell in den hohen Norden hinein aus. In Südeuropa ist die Art seltener und bevorzugt im Gegensatz zu ihren Vorkommen in Nord- und Mitteleuropa die höheren Gebirgslagen.

UNTERARTEN
Die Unterart ssp. *lapidarius* fliegt in den meisten Regionen Europas einschließlich der Britischen Inseln. Auf der Iberischen Halbinsel ist die ssp. *decipiens* heimisch, bei der auch die weiblichen Tiere an Kragen und Scutellum sowie Tergit 1 und 2 ausgedehnt gelb behaart sind. Als eigene Art *(Bombus bisiculus)* abgegrenzt werden von einigen Autoren die ebenso gefärbten Populationen in Süditalien und auf Sizilien.

KUCKUCKSHUMMEL
Felsen-Kuckuckshummel *(Bombus rupestris)*.

ÄHNLICHE ARTEN
Glockenblumenhummel *(Bombus soroeensis)*, Bergwaldhummel *(Bombus mastrucatus)*, Samthummel *(Bombus confusus)*, Grashummel *(Bombus ruderarius)*.

Diese Steinhummel-Arbeiterin sammelt an Wilder Resede *(Reseda lutea)*. Brandenburg, 15.6.2020.

Porträt einer Steinhummel-Königin an Heidelbeere *(Vaccinium myrtillus)* – deutlich sind das kurze Gesicht und die mittellange Zunge zu erkennen. Brandenburg, 30.4.2023.

Steinhummel

Porträt eines Steinhummel-Männchens an Oreganoblüten *(Origanum vulgare)* im Garten. Brandenburg, 13.7.2022.

Dieses Steinhummel-Männchen trinkt an Lavendelblüten (*Lavandula* sp.) Nektar. Saarland, 10 7.2015.

Höhenhummel
Bombus sichelii Radoszkowski, 1859
—*Melanobombus*

AUSSEHEN
Die Höhenhummel ist eine mittelgroße, recht bunt gefärbte Art, deren Bestimmung allerdings nicht leicht ist. Königinnen werden 20 mm lang, die Arbeiterinnen erreichen 13–16 mm, Männchen 13–15 mm. Bei den weiblichen Tieren ist das Gesicht bei der Unterart ssp. *alticola* schwarz behaart, in den Pyrenäen und Westalpen (ssp. *flavissimus*) hingegen hell. Der graugelbe Kragen reicht seitlich bis unter die Flügelansätze herab. Die Unterseite des Thorax ist dunkel behaart (Unterschied zur sehr ähnlichen Pyrenäenhummel). Das Scutellum und das 1. Tergit sowie die vordere Hälfte des 2. Tergits tragen graugelbe Haare. Die Tergite 4–6 sind hellorange gefärbt, auch die Körbchenhaare sind rötlich. Der Rest des Körpers ist schwarz.
Bei den Männchen sind Gesicht, Kragen, Scutellum und die ersten beiden Tergite struppig graugelb behaart, die orange Behaarung beginnt auf Tergit 4.
Im Unterschied zur Pyrenäenhummel setzt sich die schwarze Querbinde auf der Brust seitlich unter den Flügelansätzen fort. Die gelbe Behaarung in der Mitte des Gesichts bei den Männchen kontrastiert deutlich mit schwarzer Behaarung oberhalb der Antennenbasen (bei der Pyrenäenhummel ausgedehnt gelbe Behaarung).

NISTWEISE
In der Regel unterirdisch in Nagetierbauten. Die Völker erreichen eine Größe von maximal 150 Individuen.

BLÜTENBESUCH
Höhenhummeln nutzen eine Vielzahl verschiedener alpiner Pflanzen als Pollen- und Nektarquellen.

LEBENSRAUM UND FLUGZEIT
In den Alpen fliegt die Höhenhummel im Hochgebirge oberhalb der Baumgrenze in 1.900–2.700 m Höhe und ist hier eine der häufigsten Hummelarten. Königinnen sind im Zeitraum von April bis Juni auf Nistplatzsuche, Arbeiterinnen kann man von Mai bis September beobachten, Jungköniginnen und Männchen fliegen im August und September.

Diese Höhenhummel-Arbeiterin der ssp. *alticola* sammelt Pollen und Nektar an Kleeblüten (*Trifolium* sp.) in einer Höhe von über 2.150 m in den Alpen. Österreich, Salzburg, 22.8.2024.

Höhenhummel

VERBREITUNG
Im westlichen Europa ist die Höhenhummel auf die Gebirgszüge im Süden beschränkt (Pyrenäen, Alpen, Balkan). Weiter östlich kommt sie einerseits in der Kaukasusregion vor, andererseits in der russischen Taiga.

UNTERARTEN
Die voneinander getrennten Vorkommen der Höhenhummel haben eine Reihe von Unterarten ausgebildet. Im hier betrachteten Gebiet sind ssp. *flavissimus* (Pyrenäen, Westalpen) und ssp. *alticola* (zentrale und östliche Alpen) am weitesten verbreitet.

KUCKUCKSHUMMEL
Felsen-Kuckuckshummel *(Bombus rupestris)*.

ÄHNLICHE ARTEN
Insbesondere Pyrenäenhummel *(Bombus pyrenaeus)*, Trughummel *(Bombus mendax)*, Grashummel *(Bombus ruderarius* f. *montanus)*.

Dieses Höhenhummel-Männchen trinkt Nektar an Gold-Klee *(Trifolium aureum)*. Österreich, Salzburg, 24.8.2024.

Ein Höhenhummel-Männchen an Stängellosem Leimkraut *(Silene acaulis)* in über 2.600 m Höhe. Deutlich ist zu erkennen, dass die Behaarung im unteren und mittleren Gesicht gelb, oberhalb der Antennenbasis jedoch dunkel ist. Österreich, Salzburg, 23.8.2024.

Auf blütenreichen alpinen Matten wie hier in den Hohen Tauern ist die Höhenhummel meist zahlreich zu finden. Österreich, Salzburg, 24.8.2024.

Trughummel

Bombus mendax Gerstaecker, 1869
—*Mendacibombus*

AUSSEHEN

Die Königinnen der Trughummel werden maximal 20 mm lang, Arbeiterinnen erreichen eine Größe von 14–17 mm, Männchen 15–18 mm. In der Färbung ist die Art recht variabel und auf den ersten Blick nicht leicht zu bestimmen. Der gesamte Pelz wirkt recht struppig. Der grünlich oder gelblich graue Kragen ist mit schwarzen Haaren durchsetzt. Der Kragen reicht seitlich nur ungefähr bis zum Flügelansatz herab. Das Scutellum und das erste Tergit tragen ebenfalls gelblich graue Haare. Vom Hinterrand des 3. Tergits an ist das Hinterende hellrot behaart. Die auffallend langen Körbchenhaare sind ebenfalls rot. Deutlich erkennbar ist oft ein Büschel heller Haare im Gesicht. Kopf und Rüssel sind lang. Ein wichtiges Merkmal ist das 3. Fühlerglied, das etwa genauso lang ist wie die Fühlerglieder 4–6 zusammen. Die helle Behaarung von Gesicht, Kragen, Scutellum und 1. Tergit kann auch komplett durch schwarze Haare ersetzt sein. Die Männchen haben stark vergrößerte Augen und zeigen ein auffälliges Balzverhalten, indem sie von Sitzwarten aus, zum Beispiel von größeren Steinen, vorbeifliegende Insekten verfolgen.

NISTWEISE

Das Nest wird in Nagetierbauten oder Vogelnestern angelegt. Die Nistweise ist einzigartig. Larven wachsen nicht in gemeinschaftlich genutzten Wachstönnchen heran, sondern die Eier werden einzeln in sechseckigen Zellen abgelegt. Nektar und Pollen werden nicht innerhalb der Brutwabe in den Zellen gelagert, aus denen bereits Hummeln geschlüpft sind, sondern stets in extra angefertigten, größeren Wachstöpfen. Alte Brutzellen werden abgebaut, und aus diesem Wachs wird eine Überdachung für die gesamte Brutwabe gefertigt. Männchen verlassen das Nest nach dem Schlüpfen nicht endgültig, sondern kehren regelmäßig zum Schlafen und Fressen zurück.

BLÜTENBESUCH

Die langrüsseligen Hummeln suchen häufig Pflanzen mit tiefen Blütenkelchen wie Eisenhut (*Aconitum* sp.) und *Klee* (Trifolium sp.) auf, aber auch Disteln (Gattungen *Carduus* und *Cirsium*).

LEBENSRAUM UND FLUGZEIT

Diese Hochgebirgsart fliegt oberhalb von 1.800 m, meist etwa von der Waldgrenze bis in über 3.000 m Höhe. Die Flugzeit reicht von Ende April bis Anfang Oktober, Männchen und Jungköniginnen erscheinen ab August.

VERBREITUNG

Das Vorkommen der Trughummel ist auf die Hochlagen der Alpen, Pyrenäen und des Kantabrischen Gebirges begrenzt. In den Alpen verzeichnet sie gemäß der Roten Liste der Hummeln Österreichs aus dem Jahr 2024 in jüngerer Zeit erhebliche Bestandsrückgänge und muss daher als gefährdet eingestuft werden.

UNTERARTEN

Es existieren zwei Unterarten. In den Alpen ist die ssp. *mendax* heimisch. In den Pyrenäen und im Kantabrischen Gebirge fliegt die ssp. *latifasciatus* mit ausgedehnterer heller Behaarung im Gesicht, auf Kragen und Scutellum sowie den Tergiten 1 und 2. Die gelbe Behaarung des Kragens reicht seitlich weit herab.

ÄHNLICHE ARTEN

Höhenhummel *(B. sichelii)*, Pyrenäenhummel *(B. pyrenaeus)*, Grashummel *(B. ruderarius)*, Glockenblumenhummel *(B. soroeensis proteus)*, bei dunklen Farbformen der Trughummel auch Steinhummel *(B. lapidarius)*.

Eine Arbeiterin der Trughummel sammelt an Klee (*Trifolium* sp.) auf dem Stockhorn im Berner Oberland in 2.190 m Höhe. Schweiz, Kanton Bern, 1.7.2025.

Bärtige Kuckuckshummel

Bombus barbutellus Kirby, 1802
—*Psithyrus*

AUSSEHEN
Kennzeichnend für die Bärtige Kuckuckshummel sind die gelben Haare auf dem Scheitel sowie der breite gelbe Kragen und das ausgedehnt gelb behaarte Scutellum. Auf dem 1. Tergit finden sich ebenfalls gelbe Haare (bei den Männchen stärker ausgeprägt). Die Tergite 4 und 5 sind weiß; bei den Männchen beginnt die weiße Behaarung schon am Hinterrand von Tergit 3.

WIRTE
Die Bärtige Kuckuckshummel übernimmt hauptsächlich Nester der Gartenhummel *(Bombus hortorum)*. Die ssp. *maxillosus* nutzt die Feldhummel *(B. ruderatus)* und die Tonerdhummel *(B. argillaceus)* als Wirte.

BLÜTENBESUCH
Weibchen und Männchen besuchen verschiedene Blütenpflanzen wie Löwenzahn, Klee, Disteln und Flockenblumen.

LEBENSRAUM UND FLUGZEIT
Die Bärtige Kuckuckshummel kommt in strukturreichen Lebensräumen vor, an Waldrändern, auf Wiesen, in Parkanlagen sowie im Gebirge bis über die Baumgrenze hinauf. Weibchen fliegen ab Ende April, junge Weibchen und Männchen ab Juli.

VERBREITUNG
Das Verbreitungsgebiet umfasst weite Teile Europas einschließlich der Britischen Inseln und Südskandinaviens (südliches Schweden, Südfinnland), im Mittelmeerraum auch die Inseln Korsika, Sardinien und Sizilien. Die Art ist überall deutlich seltener als ihre Wirte. In einigen Regionen leidet sie unter starken Rückgängen. In den norddeutschen Bundesländern ist sie extrem selten.

UNTERARTEN
Die ssp. *barbutellus* ist in Europa außerhalb des Mittelmeerraums verbreitet. Die ssp. *maxillosus* hat einen mediterranen Verbreitungsschwerpunkt, nördlich bis Österreich, Tschechien und Ungarn. Diese Unterart ist sehr viel dunkler gefärbt, Kragen und Scutellum sind bei den Weibchen oft nur andeutungsweise gelb behaart; manche Exemplare sind sogar ganz schwarz.

Ein Weibchen der Bärtigen Kuckuckshummel an Rotklee *(Trifolium pratense)*. Das Farbmuster dieser Kuckuckshummel ähnelt stark dem ihrer Wirte, nämlich Garten-, Feld- und Tonerdhummel. Österreich, Tirol, 1.5.2024.

Bärtige Kuckuckshummel

Typisch für die Weibchen der Bärtigen Kuckuckshummel sind unter anderem die gelben Haare auf dem Scheitel, das gelbe Scutellum und – hier gut sichtbar – die unter dem Bauch nach vorn gekrümmte Hinterleibsspitze. Österreich, Tirol, 1.5.2024.

Blütenreiche Wiese (Klappertopf, Rotklee, Salbei) bei Innsbruck mit individuenstarkem Vorkommen der Gartenhummel als Lebensraum der Bärtigen Kuckuckshummel. Österreich, Tirol, 1.5.2024.

Böhmische Kuckuckshummel

Bombus bohemicus Seidl, 1837
—*Psithyrus*

AUSSEHEN

Die Weibchen der Böhmischen Kuckuckshummel werden mit bis zu 25 mm Länge sehr groß. Sie tragen einen breiten, strohgelben Kragen. Die seitliche Behaarung an Tergit 3 ist normalerweise weiß, manchmal auch mit schwachem gelbem Vorderrand, aber nicht so kräftig gelb wie bei der Gefleckten Kuckuckshummel. Tergit 4 ist weiß, Tergit 5 an den Seiten ebenfalls. Die Hinterleibsspitze ist nach unten gerichtet, nicht nach vorn gekrümmt (Unterschied zu Norwegischer und Waldkuckuckshummel). Die Männchen erreichen eine Länge von 15–18 mm und sind länger behaart als die Männchen der Gefleckten Kuckuckshummel. Scutellum und Tergit 1 tragen struppige hellgelbe Haare. Die Antennenglieder 3 und 4 sind zusammen länger als das 5. Glied.

WIRTE

Die Böhmische Kuckuckshummel übernimmt Nester der Hellen Erdhummel *(Bombus lucorum)*. Möglicherweise dienen auch Große Erdhummel *(Bombus magnus)* und Kryptarum-Erdhummel *(Bombus cryptarum)* als Wirte.

LEBENSRAUM UND FLUGZEIT

Die Böhmische Kuckuckshummel kann vor allem an blütenreichen Wegen und Böschungen im Wald, in Waldnähe oder am Waldrand beobachtet werden. Weibchen suchen von April bis Juni nach Wirtsnestern. Im Juli und August fliegen Männchen und Jungweibchen aus.

VERBREITUNG

Die Böhmische Kuckuckshummel ist in Europa weit verbreitet; sie fehlt lediglich im südlichen Mittelmeerraum. Im Gegensatz zur Gefleckten Kuckuckshummel ist sie in Schottland und Skandinavien weit nach Norden vorgedrungen.

ÄHNLICHE ARTEN

Gefleckte Kuckuckshummel *(Bombus vestalis)*,
Norwegische Kuckuckshummel *(Bombus norvegicus)*,
Waldkuckuckshummel *(Bombus sylvestris)*.

Ein Weibchen der Böhmischen Kuckuckshummel an einem Waldweg im Harz auf Acker-Kratzdistel *(Cirsium arvense)*. Sachsen-Anhalt, 12.7.2020.

Böhmische Kuckuckshummel

Zwei Männchen der Böhmischen Kuckuckshummel auf Gewöhnlicher Kratzdistel *(Cirsium vulgare)*. Norwegen, Vestland, 26.7.2023.

Dieses junge Weibchen der Böhmischen Kuckuckshummel präsentiert in Abwehrhaltung seine kräftigen Mandibeln. Schweden, Örebro, 19.7.2024.

Gefleckte Kuckuckshummel, Keusche Kuckuckshummel

Bombus vestalis Fourcroy, 1785
—*Psithyrus*

AUSSEHEN

Die Weibchen der Gefleckten Kuckuckshummel sind groß (bis 22 mm lang) und wirken mit ihrer überwiegend schwarzen Behaarung und den dunklen Flügeln insgesamt recht düster. In auffälligem Kontrast dazu stehen die gelben Haare auf dem 3. Tergit, die als unterbrochene Binde oder beidseitige Flecken ausgebildet sind und unmittelbar zur weißen Behaarung auf dem 4. Tergit überleiten. Tergit 5 kann seitlich auch weiß behaart sein. Der breite Kragen ist dunkelgelb. Die gesamte Behaarung ist recht einheitlich kurz, am Hinterleib schütter, so dass die Cuticula durchscheint. Die Hinterleibsspitze ist nach unten gerichtet, nicht nach vorn gekrümmt (Unterschied zu Norwegischer und Waldkuckuckshummel). Die Männchen erreichen eine Länge von 15–17 mm. Zusätzlich zum gelben Kragen und dem gelben Rand vor dem weißen Hinterende tragen sie oft auch gelbe Haare auf dem Scutellum und dem 1. Tergit. Die Antennenglieder 3 und 4 sind sehr kurz, zusammen so lang wie das 5. Glied (Unterschied zur Böhmischen Kuckuckshummel).

WIRTE

Die Gefleckte Kuckuckshummel übernimmt Nester der Dunklen Erdhummel *(Bombus terrestris)*. Auf Korsika ist sie Brutparasit der Rotbeinigen Erdhummel *(Bombus xanthopus)*.

BLÜTENBESUCH

Es ist keine Bevorzugung bestimmter Pflanzen als Nektarquellen erkennbar.

Dieses junge Weibchen der Gefleckten Kuckuckshummel stärkt sich in einem Garten am Nektar von Oregano *(Origanum vulgare)*. Brandenburg, 21.7.2021.

Gefleckte Kuckuckshummel

LEBENSRAUM UND FLUGZEIT
Die Gefleckte Kuckuckshummel ist wie ihr Wirt, die Dunkle Erdhummel, nicht an bestimmte Lebensräume gebunden. Sie kann an Wald- und Wegrändern, auf Brachen und gelegentlich auch in Gärten beobachtet werden. Weibchen suchen von April bis Juni nach Wirtsnestern. Von Ende Juni bis August fliegen Männchen und Jungweibchen aus.

VERBREITUNG
Das Verbreitungsgebiet der Gefleckten Kuckuckshummel umfasst Mittel- und Westeuropa einschließlich der Britischen Inseln, im Süden auch große Teile des Mittelmeerraums. In Nordeuropa fehlt sie hingegen weitgehend, lediglich Südschweden wurde besiedelt.

UNTERARTEN
In Mittel- und Westeuropa fliegt die ssp. *vestalis*. In Südeuropa sind mehrere Unterarten beschrieben, die sich in Intensität oder Ausdehnung der Gelbfärbung unterscheiden. Eine besondere Abweichung im Farbmuster zeigt die ssp. *perezi* auf Korsika: Der gesamte Körper ist bei Männchen und Weibchen fast einheitlich schwarz, das Hinterende ab Tergit 4 überwiegend rot behaart. Dieser schwarz-rote Gesamteindruck entspricht auch dem Farbmuster des Wirts, der Rotbeinigen Erdhummel, und einiger weiterer Hummelarten auf Korsika.

ÄHNLICHE ARTEN
Böhmische Kuckuckshummel *(Bombus bohemicus)*, Norwegische Kuckuckshummel *(Bombus norvegicus)*, Waldkuckuckshummel *(Bombus sylvestris)*.

Auf einer Brachfläche trinkt dieses Männchen der Gefleckten Kuckuckshummel Nektar an Blüten der Gemeinen Ochsenzunge *(Anchusa officinalis)*. Brandenburg, 29.6.2020.

Dorniger Wundklee *(Anthyllis hermanniae)* dient diesem Gefleckten Kuckuckshummel-Weibchen der ssp. *perezi* auf Korsika als begehrte Nektarquelle. Frankreich, Haute-Corse, 23.5.2024.

Das Männchen der Gefleckten Kuckuckshummel, ssp. *perezi*, lebt auf diesem Blütenstand der Filzigen Milchfleckdistel *(Galactites tomentosus)* auf Korsika nicht ungefährlich, denn neben dem harmlosen Trauer-Rosenkäfer *(Oxythyrea funesta)* lauert hier eine Südliche Glanz-Krabbenspinne *(Synema globosum)*.
Frankreich, Haute-Corse, 18.5.2024.

Feldkuckuckshummel

Bombus campestris Panzer, 1801
—Psithyrus

AUSSEHEN

Diese Kuckuckshummel ist mittelgroß und zeichnet sich durch eine gelb-schwarze Färbung (ohne weiße Behaarung!) aus. Kragen und Scutellum sind gelb. Bei den Weibchen sind die Tergite 4–5, manchmal auch das 3. Tergit zumindest an den Seiten gelb behaart. Bei den Männchen sind normalerweise die Tergite 4–6 gelb, oft auch das 1. und 3. Tergit. Die gelbe Behaarung kann aber auch stark reduziert sein oder sogar ganz fehlen. Daher gibt es überwiegend gelbe Männchen mit je einer schwarzen Querbinde auf dem Thorax und dem 2. Tergit, dunklere Männchen mit ausgedehnter Schwarzfärbung auf dem Hinterleib und in seltenen Fällen sogar vollkommen schwarze Männchen. Außerdem können die gelben Anteile zitronengelb, strohgelb oder dunkelgelb ausgebildet sein.

Ein zitronengelbes Feldkuckuckshummel-Männchen trinkt Nektar an Gewöhnlichem Natternkopf *(Echium vulgare)* in der Döberitzer Heide. Brandenburg, 1.8.2018.

WIRTE

Hauptwirt ist die Ackerhummel *(Bombus pascuorum)*. Daneben sind Veränderliche Hummel *(B. humilis)*, Obst-

Tief zwischen den Grashalmen einer Wiese im Voralpengebiet stärkt sich dieses Feldkuckuckshummel-Weibchen am Nektar der Kleinen Braunelle *(Prunella vulgaris)*. Bayern, 6.7.2020.

hummel *(B. pomorum)* und Wiesenhummel *(B. pratorum)* als Wirte bekannt. Möglicherweise kommen noch verschiedene weitere Arten als Wirte in Frage.

BLÜTENBESUCH
Es werden viele verschiedene Blütenpflanzen als Nektarquellen genutzt. Besonders beliebt sind bei den Männchen Kratzdisteln (*Cirsium* sp.) und Flockenblumen (*Centaurea* sp.), bei den Weibchen im Frühjahr Löwenzahn *(Taraxacum officinale)*.

LEBENSRAUM UND FLUGZEIT
Feldkuckuckshummeln können auf Wiesen und Böschungen, an Wald- und Wegrändern angetroffen werden. Die Weibchen sind meist im Mai/Juni auf der Suche nach Wirtsnestern. Männchen können im Juli und August beobachtet werden.

VERBREITUNG
Die Feldkuckuckshummel kommt in weiten Teilen Europas einschließlich der Britischen Inseln vor. In Skandinavien liegt der Verbreitungsschwerpunkt in den südlichen Regionen, in Schweden ist sie entlang der Ostseeküste aber auch weit im Norden zu finden. In Südeuropa ist die Art nur zerstreut und eher in den Gebirgsregionen verbreitet. Die Feldkuckuckshummel ist wesentlich seltener als ihr Hauptwirt, die Ackerhummel, und ihre Häufigkeit schwankt von Region zu Region stark.

ÄHNLICHE ARTEN
Bei oberflächlicher Betrachtung sind Verwechslungen mit Deichhummel *(Bombus distinguendus)*, Erdbauhummel *(B. subterraneus)* oder auch Berghummel *(B. mucidus)* möglich.

An Brombeerblüten an einem Waldweg im Harz trinkt dieses Feldkuckuckshummel-Männchen Nektar. Die Tergite 2 und 3 tragen eine ausgedehnte schwarze Behaarung. Sachsen-Anhalt, 12.7.2020.

Dieses helle Feldkuckuckshummel-Männchen zeigt eine strohgelbe Behaarung. Schweden, Örebro, 19.7.2024.

Relativ selten können Feldkuckuckshummel-Männchen wie in diesem Fall völlig schwarz gefärbt sein. Je nach Lichteinfall schimmern die Tergite 4–5 oft noch leicht gelblich oder rötlich. Schweden, Örebro, 19.7.2024.

Bei diesem Feldkuckuckshummel-Männchen ist die gelbe Behaarung stark reduziert. Schweden, Örebro, 22.7.2024.

Norwegische Kuckuckshummel

Bombus norvegicus Sparre-Schneider, 1918
—*Psithyrus*

AUSSEHEN

Die recht großen Weibchen der Norwegischen Kuckuckshummel werden bis zu 22 mm lang (im Unterschied zur kleineren Waldkuckuckshummel, deren Weibchen bis 16 mm lang werden). Die Männchen erreichen eine Länge von 14–16 mm. Die Weibchen sind bis auf den hellgelben Kragen und die weißen Tergite 3 und 4 überwiegend schwarz gefärbt. Auf dem 1. Tergit finden sich meist auch einige gelbe Haare. Die Männchen sind wesentlich bunter: Scheitel und Kragen sind gelb, Tergit 1 ist mal mehr, mal weniger gelblich behaart, die Tergite 3–4 sind weiß, Tergit 5 ist schwarz, die Hinterleibsspitze (Tergite 6–7) trägt rötliche Haare.

WIRT

Baumhummel *(Bombus hypnorum).*

BLÜTENBESUCH

Weibchen besuchen im Frühjahr oft Löwenzahn; Disteln (Gattungen *Cirsium* und *Carduus*) sind im Sommer besonders wichtige Nektarquellen für diese Art.

LEBENSRAUM UND FLUGZEIT

Die Norwegische Kuckuckshummel kommt in Waldnähe, in Wäldern und an Waldrändern, aber auch in Gärten vor. In den Alpen ist sie auch in höheren Lagen bis zur Waldgrenze zu finden. Ab Ende April erscheinen die Weibchen

Ein Weibchen der Norwegischen Kuckuckshummel auf einem Baumhummelnest in einem Vogelnistkasten. Der Größenunterschied zu den Baumhummel-Arbeiterinnen ist beträchtlich. Brandenburg, 30.5.2022.

nach der Überwinterung. Jungweibchen und Männchen fliegen von Juni bis September.

VERBREITUNG
Diese Kuckuckshummel hat ihren Verbreitungsschwerpunkt in Mittel- und Nordeuropa. Sie ist deutlich seltener als ihr Wirt, die Baumhummel. Auf den Britischen Inseln, in Westfrankreich und im Mittelmeerraum fehlt sie. Am Südrand ihres Verbreitungsgebiets ist sie auf die Gebirge beschränkt (Kantabrisches Gebirge, Pyrenäen, Alpen).

ÄHNLICHE ARTEN
Im Gelände sind Männchen und Weibchen nicht von der Waldkuckuckshummel *(Bombus sylvestris)* unterscheidbar. Von den ebenfalls ähnlichen Weibchen der Böhmischen und Gefleckten Kuckuckshummeln *(B. bohemicus, B. vestalis)* kann die Norwegische Kuckuckshummel durch ihre unter dem Bauch nach vorn gekrümmte Hinterleibsspitze unterschieden werden.

Porträts von Wirt und Kuckuck: Baumhummel (oben) und Norwegische Kuckuckshummel auf dem Nest im Vogelnistkasten. Brandenburg, 30.5.2022.

Dieses Männchen der Norwegischen Kuckuckshummel wurde tot unter dem Vogelnistkasten mit parasitiertem Baumhummelnest gefunden. Brandenburg, 8.6.2022.

Waldkuckuckshummel

Bombus sylvestris Lepeletier, 1832
—*Psithyrus*

AUSSEHEN

Die Waldkuckuckshummel ist kleiner als die Norwegische Kuckuckshummel, aber identisch gefärbt. Im Gelände ist eine sichere Bestimmung nicht möglich. In der Detailansicht zählt zum Beispiel der weniger stark behaarte Fühlerschaft der Männchen zu den Unterschieden, bei den Weibchen der fehlende Kiel auf dem 6. Tergit.

WIRTE

Hauptwirt ist die Wiesenhummel *(Bombus pratorum)*. Verschiedene weitere Hummelarten kommen als gelegentliche Wirte in Frage.

LEBENSRAUM UND FLUGZEIT

Die Waldkuckuckshummel ist oft in Wäldern oder waldnahen Lebensräumen zu finden. Sie fliegt in den Alpen bis zur Baumgrenze. Die Flugzeit reicht von April bis September, Männchen und Jungweibchen erscheinen ab Ende Mai.

VERBREITUNG

Die Waldkuckuckshummel ist in Europa einschließlich der Britischen Inseln weit verbreitet, in Südeuropa vorwiegend im Gebirge.

Die Männchen von Waldkuckuckshummel und Norwegischer Kuckuckshummel sind mit ihrem weiß-schwarz-roten Hinterende sehr charakteristisch, aber voneinander im Gelände nicht unterscheidbar. Saarland, 24.5.2011.

Gelbe Alpenkuckuckshummel

Bombus flavidus Eversmann, 1852
—*Psithyrus*

AUSSEHEN

Diese mittelgroße Kuckuckshummel (15–19 mm lang) ist durch ihre variable schwarz-gelbe Färbung gekennzeichnet. Das Gesicht ist schwarz; Scheitel, Kragen und Scutellum sind gelb behaart. Die ersten drei Tergite sind oft schwarz, vor allem bei den Männchen manchmal auch mehr oder weniger ausgedehnt gelb. Tergit 4 ist gelb, Tergit 5 meist schwarz. Bei den Weibchen ist die Hinterleibsspitze (Tergit 6) gelb, bei den Männchen (Tergit 7 und oft auch Tergit 6) rötlich.

WIRTE

Hauptwirt ist wahrscheinlich die Bergwaldhummel *(Bombus monticola)*. Außerdem gelten Heidehummel *(B. jonellus)*, Wiesenhummel *(B. pratorum)*, Baumhummel *(B. hypnorum)*, Lapplandhummel *(B. lapponicus)* und vielleicht weitere Arten der Untergattung *Pyrobombus* als Wirte.

Dieses Alpenkuckuckshummel-Männchen auf Ackerwitwenblume *(Knautia arvensis)* zeigt ausgedehnte gelbe Behaarung auf dem Hinterleib. Norwegen, Trøndelag, 22.7.2023.

Ein recht dunkel gefärbtes Alpenkuckuckshummel-Männchen (ssp. *flavidus*) trinkt Nektar an Gewöhnlicher Goldrute *(Solidago virgaurea)*. Norwegen, Innlandet, 19.7.2023.

Gelbe Alpenkuckuckshummel

BLÜTENBESUCH
Disteln (*Carduus* sp.) werden besonders gern als Nektarquellen genutzt.

LEBENSRAUM UND FLUGZEIT
Die Gelbe Alpen-Kuckuckshummel ist im Gebirge sowie in der nordischen Taiga und Tundra anzutreffen. Die Flugzeit erstreckt sich von Juni bis September, Männchen erscheinen ab Juli.

VERBREITUNG UND UNTERARTEN
Die generell heller gefärbte Unterart ssp. *lutescens* (Synonym: ssp. *alpium*) kommt in den Alpen, Pyrenäen und im Kantabrischen Gebirge vor. Bei den Männchen sind die Tergite 1–5 meist durchgehend gelb behaart. In den Alpen ist die Art jedoch selten. In Österreich ist die Bestandsentwicklung stark negativ, so dass die Gelbe Alpen-Kuckuckshummel gemäß der Roten Liste als stark gefährdet gilt. In der Taiga- und Tundraregion Skandinaviens – und weiter östlich auch im nördlichen Russland – fliegt die ssp. *flavidus*. In der Tundra ist sie die häufigste Kuckuckshummel.

ÄHNLICHE ARTEN
Norwegische Kuckuckshummel *(Bombus norvegicus)*, Waldkuckuckshummel *(B. sylvestris)*.

Typisch für die Alpenkuckuckshummel-Männchen ist neben der schwarz-gelben Behaarung die rote Hinterleibsspitze, die hier recht deutlich zu sehen ist. Norwegen, Innlandet, 22.7.2023.

Auf jedem Distelblütenstand ein Alpenkuckuckshummel-Männchen: In den Gebirgs- und Tundraregionen Skandinaviens ist diese Art stellenweise recht häufig. Norwegen, Innlandet, 20.7.2023.

Vierfarbige Kuckuckshummel

Bombus quadricolor Lepeletier, 1832
—*Psithyrus*

AUSSEHEN

Bei dieser großen Kuckuckshummel können die Weibchen bis zu 25 mm lang werden, die Männchen erreichen 15–18 mm. „Vierfarbig" sind vor allem die Männchen der skandinavischen Unterart ssp. *globosus*, die auf schwarzem Grund einen gelben Kragen und ein zweifarbiges Hinterleibsende aufweisen – die Tergite 3–4 sind rötlich weiß, die Tergite 5–7 rosarot behaart. Die Weibchen tragen einen gelben Kragen und ein hellrotes Hinterende (Tergite 3–5). Auch die ssp. *quadricolor* in den Pyrenäen und im Kantabrischen Gebirge ist recht bunt, wobei hier in beiden Geschlechtern neben dem Kragen auch Scutellum und Tergit 1 gelb behaart sind; das Hinterende ist zweifarbig (weiß auf den Tergiten 3–4, rötlich ab Tergit 5). Die ssp. *arvernicus* im Massif Central ist ähnlich, aber mit weniger deutlich ausgeprägter gelber Behaarung auf Scutellum und Tergit 1. Am dunkelsten ist die ssp. *meridies* (Synonym: ssp. *meridionalis*) in den Alpen: Die Behaarung ist schwarz bis auf die hellrote Behaarung des Hinterendes ab Tergit 3. Bei den Männchen ist oft ein graugelber Kragen angedeutet.

WIRTE

Die Glockenblumenhummel *(Bombus soroeensis)* ist der Wirt der Vierfarbigen Kuckuckshummel. Interessanterweise parasitieren die Unterarten der Kuckuckshummel in den meisten Fällen eine spezifische Unterart der Glockenblumenhummel (ssp. *globosus* an ssp. *soroeensis* in Skandinavien, ssp. *meridies* an ssp. *proteus* in den Alpen, ssp. *quadricolor* an ssp. *lectitatus* in den Pyrenäen).

BLÜTENBESUCH

Disteln (Gattungen *Carduus* und *Cirsium*) werden besonders gern als Nektarquellen genutzt. Den Weibchen dienen im Frühjahr Löwenzahnblüten *(Taraxacum officinale)* als wichtige Nektarquellen.

LEBENSRAUM UND FLUGZEIT

Im südlichen Skandinavien ist die Vierfarbige Kuckuckshummel vorwiegend im Tiefland in strukturreicher Landschaft an Weg- und Waldrändern, auf Wiesen und Weiden und sogar in Gärten anzutreffen. Im Süden ist sie ans Gebirge gebunden. In den Alpen ist sie mittlerweile

Dieses Weibchen der Vierfarbigen Kuckuckshummel (ssp. *globosus*) stärkt sich zu Beginn der Flugsaison mit Löwenzahn-Nektar *(Taraxacum officinale)*. Schweden, Uppsala, 1.6.2025.

selten. Ähnlich wie die Gelbe Alpen-Kuckuckshummel leidet sie unter starken Bestandsrückgängen. Gemäß den Roten Listen Österreichs und Deutschlands gilt sie als stark gefährdet. Die ursprünglichen Vorkommen im Tiefland (beispielsweise *Bombus quadricolor globosus* in Schleswig-Holstein) müssen wohl als erloschen gelten. Ab April kommen die Weibchen aus der Überwinterung; Männchen und Jungweibchen fliegen von Juli bis September.

ÄHNLICHE ARTEN

Die Unterarten *globosus*, *quadricolor* und *arvernicus* sind unverwechselbar, sofern man auf die fehlenden Körbchenhaare bei den Weibchen achtet. Die Alpen-Unterart *meridies* ist im Gelände extrem schwer von der Felsenkuckuckshummel *(Bombus rupestris)* zu unterscheiden. Bei den Weibchen der Vierfarbigen Kuckuckshummel ist die Hinterleibsspitze unter dem Bauch nach vorn gekrümmt, was bei der Felsenkuckuckshummel nicht der Fall ist. Bei den Männchen der Vierfarbigen Kuckuckshummel sind die letzten acht Antennenglieder etwa zweimal so lang wie breit, bei der Felsenkuckuckshummel nur 1,5-mal so lang wie breit.

Ein typisch „vierfarbiges" Männchen der Vierfarbigen Kuckuckshummel (ssp. *globosus*) auf einer Wiesen-Flockenblume *(Centaurea jacea)*. Schweden, Västmanland, 25.7.2024.

Insbesondere durch die fehlenden Körbchenhaare und die dunklen Flügel unterscheidet sich die ssp. *globosus* von der ähnlich gefärbten Wiesenhummel *(Bombus pratorum)*.

Die Männchen der Alpen-Unterart ssp. *meridies* der Vierfarbigen Kuckuckshummel sind bis auf den verwaschenen graugelben Kragen schwarz-rot gefärbt. Ein wichtiges Merkmal sind die sehr langen Antennenglieder. Österreich, Salzburg, 21.8.2024.

Ein seltener Anblick: Drei Männchen der Vierfarbigen Kuckuckshummel auf Blüten der Gewöhnlichen Kratzdistel *(Cirsium vulgare)* in den Alpen auf rund 1.500 m Höhe. Österreich, Salzburg, 21.8.2024.

Auf dieser Löwenzahnwiese in der Nähe von Uppsala konnten mehrere Weibchen der Vierfarbigen Kuckuckshummel beobachtet werden. Schweden, 1.6.2025.

Felsenkuckuckshummel

Bombus rupestris Fabricius, 1793
—*Psithyrus*

AUSSEHEN

Die Weibchen der Felsenkuckuckshummel sind auffallend groß (bis 22 mm), die Männchen erreichen eine Länge von 14–16 mm. Die Flügel der Weibchen sind sehr dunkel, in der Aufsicht erscheinen sie schwarz. Auch der Körper ist überwiegend schwarz behaart, nur die Tergite 4–6 sind rot. Bei manchen Weibchen ist ein heller Kragen ausgebildet oder angedeutet. Die Männchen können recht bunt erscheinen. Das Hinterende (Tergite 4–7) ist rot behaart. Zusätzlich zum gelbgrauen Kragen und dem hell behaarten Scutellum können auch die schwarzen Tergite 1–3 helle Haarbinden aufweisen. Die helle Behaarung kann aber auch stark reduziert sein oder fehlen. Das Gesicht ist stets schwarz behaart.

WIRTE

Hauptwirt der Felsenkuckuckshummel ist die Steinhummel *(Bombus lapidarius)*. In den Alpen übernimmt sie außerdem die Nester der Höhenhummel *(Bombus sichelii)*.

Zu den charakteristischen Merkmalen der Felsenkuckuckshummel-Weibchen gehört neben den tiefdunklen Flügeln die durchscheinende Cuticula des Hinterleibs. Dieses Exemplar stärkt sich an Besenheide *(Calluna vulgaris)* in Sielmanns Naturlandschaft Döberitzer Heide. Brandenburg, 31.8.2021.

Im Frühjahr spielt Löwenzahn *(Taraxacum officinale)* für Felsenkuckuckshummel-Weibchen eine wichtige Rolle als Nektarquelle. Schweden, Uppsala, 1.6.2025.

Felsenkuckuckshummel

Dieses Felsenkuckuckshummel-Weibchen an Rotklee *(Trifolium pratense)* zeigt einen hellen Kragen. Finnland, Helsinki, 2.7.2025.

BLÜTENBESUCH

Felsenkuckuckshummeln trinken an vielen verschiedenen Blütenpflanzen Nektar. Regelmäßig sind die Männchen an ruderalen Wegrändern auf Blüten von Disteln, Flockenblumen, Natternkopf oder Brombeeren anzutreffen.

LEBENSRAUM UND FLUGZEIT

Wald- und Wegränder, Brachen und andere blütenreiche Standorte. Im Süden des Verbreitungsgebiets hauptsächlich in höheren Gebirgslagen. Von April bis Juni sind Weibchen auf der Suche nach Wirtsnestern, im Juli und August fliegen Jungweibchen und Männchen aus.

VERBREITUNG

Die Felsenkuckuckshummel ist in Europa einschließlich der Britischen Inseln weit verbreitet, fehlt jedoch im nördlichen Skandinavien und in Schottland. In Mitteleuropa zählt sie zu den häufigen Kuckuckshummeln.

UNTERARTEN

In Europa dominiert die ssp. *rupestris*. Am Südrand des Verbreitungsgebiets gibt es jedoch zwei Unterarten mit ausgedehnter Gelbfärbung: ssp. *vasco* im Kantabrischen Gebirge und den Pyrenäen, ssp. *nobilei* in Kalabrien und auf Sizilien.

ÄHNLICHE ARTEN

Die Weibchen sind der Steinhummel *(Bombus lapidarius)* sehr ähnlich. Die dunklen Flügel, fehlende Körbchenhaare und die durchscheinende Cuticula des Hinterleibs sind jedoch typische Kuckuckshummel-Merkmale und ermöglichen die Unterscheidung. In den Alpen ist die seltene Vierfarbige Kuckuckshummel *(Bombus quadricolor)* eine Verwechslungsart. Dunkle Männchen der Felsenkuckuckshummel (ohne helle Haarbinden) sind hier im Gelände nicht von Männchen der Vierfarbigen Kuckuckshummel zu unterscheiden.

Ein bunt gefärbtes Felsenkuckuckshummel-Männchen trinkt Nektar an Gewöhnlichem Natternkopf. Brandenburg, 20.7.2019.

Felsenkuckuckshummel

Die Acker-Kratzdistel *(Cirsium arvense)* wird an Wegrändern häufig von Felsenkuckuckshummel-Männchen aufgesucht. Sachsen-Anhalt (Harz), 12.7.2020.

Dieses Felsenkuckuckshummel-Männchen besucht in den Alpen Stängelloses Leimkraut *(Silene acaulis)* in über 2.500 m Höhe. Hier dient die Höhenhummel als Wirt. Österreich, Salzburg, 23.8.2024.

Ein Felsenkuckuckshummel-Männchen von demselben alpinen Standort mit sehr dunkler Behaarung. Österreich, Salzburg, 23.8.2024.

Baumhummel

Bombus hypnorum Linnaeus, 1758
—*Pyrobombus*

AUSSEHEN

Die Baumhummel ist eine mittelgroße Art: Königinnen werden 20 mm lang, Männchen 14–16 mm. Die Größe der Arbeiterinnen schwankt stark von 8–18 mm. Der Körper ist schwarz, der Thorax trägt im typischen Fall oberseits einen dichten, kastanienbraunen Pelz. Der Hinterleib ist am Ende ab dem 5. Tergit weiß behaart. Das Braun auf dem Thorax kann sehr dunkel sein, bei manchen Exemplaren ist der Thorax sogar komplett schwarz. Männchen zeigen oft eine hellere, gelbbraune Thoraxbehaarung, die sich auch auf das 1. Tergit erstreckt.

NISTWEISE

Baumhummeln nisten stets oberirdisch – in Baumhöhlen, Vogelnistkästen, Dachböden, Rollladenkästen, auch in Scheunen. Die Völker werden mit bis zu 400 Individuen sehr groß. Bei Störungen verteidigen die Arbeiterinnen das Nest energisch und stechen schnell zu. Die Männchen schwärmen im Sommer vor dem Nesteingang und erwarten die Jungköniginnen.

BLÜTENBESUCH

Die Baumhummel ist in der Wahl der Nahrungsquellen nicht sehr wählerisch, besucht aber auffallend gern Himbeer- und Brombeerblüten (*Rubus* sp.).

LEBENSRAUM UND FLUGZEIT

Wälder, Waldränder, Parkanlagen, Ortschaften und Städte sind die Lebensräume dieser weit verbreiteten Art, die auch im Garten häufig zu sehen ist. Sie fliegt im Tiefland ebenso wie im Hochgebirge bis 2.200 m. Nestsuchende Königinnen erscheinen ab März, Arbeiterinnen ab Mitte April. Männchen und Jungköniginnen können schon sehr früh ausfliegen, nämlich ab Ende Mai, und sind bis August zu beobachten.

Diese Baumhummel-Jungkönigin der ssp. *ericetorum* mit der unverwechselbaren braun-schwarz-weißen Färbung stärkt sich vor der Überwinterung am Nektar von Efeublüten *(Hedera helix)*. Brandenburg, 19.9.2024.

Baumhummel

VERBREITUNG

Die Baumhummel ist eine häufige und weit verbreitete Art in fast ganz Europa. Im südlichen Mittelmeerraum und auf den Mittelmeerinseln kommt sie allerdings nicht vor. Im Nordwesten Europas ist sie expansiv: Vom europäischen Festland aus ist sie im Jahr 2001 nach England vorgedrungen und hat bereits 2013 Schottland erreicht. Auch Irland wurde mittlerweile besiedelt. Seit 2008 ist sie sogar auf Island nachgewiesen.

UNTERARTEN

Im Tiefland Mittel- und Westeuropas fliegt die ssp. *ericetorum*. Sie ist insgesamt dunkler gefärbt als die ssp. *hypnorum*, die in Skandinavien und Finnland, aber auch in den Gebirgen im südlichen Europa (Pyrenäen, Alpen) vorkommt. Bei ihr ist bei den weiblichen Tieren auch das 1. Tergit braun behaart, bei den Männchen erstreckt sich die braune Behaarung meist sogar über die Tergite 1 und 2. Die ssp. *ericetorum* ist die synanthrope, expansive Unterart, die besonders häufig im menschlichen Siedlungsraum auftritt.

KUCKUCKSHUMMEL

Norwegische Kuckuckshummel *(Bombus norvegicus)*.

Eine Baumhummel-Arbeiterin an Himbeerblüten *(Rubus idaeus)* im Garten. Bei diesem Exemplar erscheint der braun behaarte Thorax durch eingemischte schwarze Haare recht düster. Brandenburg, 2.6.2022.

Eine sehr dunkle Baumhummel-Königin sucht nach der Überwinterung blühende Weiden (*Salix* sp.) als erste Nektarquelle auf. Der Thorax ist schwarz mit wenigen braunen Haaren. Brandenburg, 30.3.2024.

Auf dieser Himbeerblüte präsentiert sich eine Baumhummel-Arbeiterin in der dunkelsten Farbvariante der ssp. *ericetorum*: Bis auf das weiße Hinterende ist sie vollkommen schwarz gefärbt. Brandenburg, 13.5.2024.

Bei Baumhummel-Männchen reicht die hellbraune Behaarung in der Regel vom Scheitel über den Thorax bis zum 1. Tergit. Dieses Exemplar trinkt Oregano-Nektar *(Origanum vulgare)* im Garten. Brandenburg, 10.7.2022.

Baumhummel-Arbeiterinnen bewachen das Einflugloch eines Vogelnistkastens, in dem sich ihr Nest befindet. Brandenburg, 30.5.2022.

Ein Baumhummel-Männchen der ssp. *hypnorum* mit ausgedehnter brauner Behaarung bis zum 2. Tergit. Finnland, Helsinki, 10.7.2025.

Diese Baumhummel-Arbeiterin zeigt beim Blütenbesuch an Weißklee *(Trifolium repens)* das typische Merkmal der ssp. *hypnorum*: Das 1. Tergit ist wie der Thorax braun behaart. Finnland, Helsinki, 2.7.2025.

Gebänderte Taigahummel

Bombus cingulatus Wahlberg, 1854
—*Pyrobombus*

AUSSEHEN

Diese kleine Art, deren Königinnen maximal 18 mm Länge erreichen, ähnelt sehr der Baumhummel *(Bombus hypnorum)*. Der Thorax ist hellbraun behaart, manchmal etwas gelblicher als bei der Baumhummel. Der Hinterleib ist schwarz behaart, das Hinterende (ab dem 4. Tergit bei den weiblichen Tieren) weiß. Kennzeichnend für die Art ist ein schwarzes Band, das sich quer zwischen den Flügelansätzen über den Thorax zieht. Es ist oft mit braunen Haaren durchsetzt, kann gerade verlaufen oder sich in der Mitte rautenförmig verbreitern und insbesondere in den nördlichen Populationen auch fehlen. Bei den Männchen kann eine genaue Betrachtung der Antennen helfen: Das 3. Segment ist bei der Gebänderten Taigahummel kürzer als das 5. Segment, bei der Baumhummel ist es gleich lang oder länger.

NISTWEISE

Unbekannt.

BLÜTENBESUCH

Insbesondere für die Königinnen sind Heidelbeerblüten *(Vaccinium myrtillus)* im Frühjahr von großer Bedeutung. Arbeiterinnen sammeln im Frühsommer sehr gern an Himbeerblüten *(Rubus idaeus)*. Weitere wichtige Nahrungsquellen sind die Verschiedenblättrige Kratzdistel *(Cirsium helenioides)* und – vor allem für Männchen – das Schmalblättrige Weidenröschen *(Epilobium angustifolium)*.

LEBENSRAUM UND FLUGZEIT

Die Gebänderte Taigahummel ist an Waldrändern, auf Lichtungen, an Waldwegen und Böschungen im Wald zu finden. Die Flugzeit dieser Art ist recht kurz, sie reicht etwa von Mitte Mai bis Mitte August.

VERBREITUNG

Diese nordische Art ist streng an die Taigaregionen Skandinaviens und Sibiriens (östlich bis zum Pazifik) gebunden. Sie ist in Norwegen, im mittleren und nördlichen Schweden sowie im mittleren und nördlichen Finnland verbreitet, aber recht selten.

KUCKUCKSHUMMEL

Möglicherweise die Gelbe Alpenkuckuckshummel *(Bombus flavidus)*.

ÄHNLICHE ARTEN

Eine sichere Unterscheidung von der Baumhummel ist im Gelände oft nicht möglich.

Diese Gebänderte Taigahummel besucht Heidelbeerblüten im borealen Nadelwald. Schweden, Västerbotten, 3.6.2025.

Zu Beginn der Flugzeit lassen sich Gebänderte Taigahummeln an lichten Waldstandorten mit dichtem Heidelbeerbewuchs beobachten. Schweden, Västerbotten, 3.6.2025.

Heidehummel

Bombus jonellus Kirby, 1802
—*Pyrobombus*

AUSSEHEN

Die Heidehummel ist eine recht kleine Art. Königinnen werden bis zu 18 mm lang, Arbeiterinnen 9–14 mm, Männchen 11–14 mm. Kopf und Rüssel sind kurz (Unterschied zur Gartenhummel). Das Gesicht ist bei weiblichen Tieren schwarz behaart (bei der ähnlichen Semenov-Hummel hell). Kragen, Scutellum und 1. Tergit (manchmal auch der Vorderrand des 2. Tergits) sind gelb. Das Hinterende ist ab Tergit 4 weiß behaart. Die Männchen tragen gelbe Haare im Gesicht.

NISTWEISE

Die Heidehummel bezieht unterirdische Nagetierbauten, sucht sich ihre Quartiere aber auch oberirdisch in verlassenen Nestern von Vögeln oder Eichhörnchen. Die Völker umfassen bis zu 150 Individuen.

BLÜTENBESUCH

Die Heidehummel besucht verschiedene Bütenpflanzen, es ist aber eine deutliche Präferenz für Heidekrautgewächse (Ericaceae) erkennbar. Dazu zählen unter anderem Glockenheide *(Erica tetralix)*, Besenheide *(Calluna vulgaris)* und Heidelbeere *(Vaccinium myrtillus)*. Die Männchen trinken in Skandinavien Nektar sehr häufig an Schmalblättrigem Weidenröschen *(Epilobium angustifolium)*.

LEBENSRAUM UND FLUGZEIT

In Mitteleuropa gehört die Heidehummel zu den seltenen und gefährdeten Arten und ist meist in Mooren und Heidegebieten anzutreffen. Am Südrand ihres Verbreitungsgebietes (Kantabrisches Gebirge, Pyrenäen, Massif Central, Alpen, Karpaten) ist sie auf montane Gebiete beschränkt. In Skandinavien ist sie die wohl häufigste Hummel und eine charakteristische Art der Wälder, aber auch der Tundra. In Mitteleuropa starten die Königinnen ab März in die Saison, Arbeiterinnen fliegen ab April, Männchen und Jungköniginnen von Juli bis September. Die Heidehummel kann in einem Sommer zwei Generationen hervorbringen.

VERBREITUNG

Die Art ist über weite Teile Europas einschließlich der Britischen Inseln und Islands verbreitet, fehlt allerdings nahezu im gesamten Mittelmeerraum. Im Norden dringt die Heidehummel hingegen bis weit über den Polarkreis vor.

Heidehummel-Königin der ssp. *jonellus*. Charakteristische Details sind die roten Körbchenhaare und gelbe Haare auf dem Scheitel. Brandenburg, 9.9.2022.

UNTERARTEN
Die meisten Unterarten der Heidehummel weisen nur geringfügige Unterschiede im Farbmuster auf. Von den Britischen Inseln über Frankreich und Mitteleuropa bis nach Russland fliegt die ssp. *jonellus*, deren Königinnen deutlich erkennbare rote Körbchenhaare tragen. In höheren Lagen Mitteleuropas (Alpen und Mittelgebirge) kommt die ssp. *martes* vor. In Skandinavien und auf Island ist die ssp. *subborealis* heimisch. Weitere Unterarten zeigen nur eine sehr lokale Verbreitung. Die größte farbliche Abweichung gibt es bei der ssp. *hebridensis* auf den Äußeren Hebriden: Die gelbe Behaarung von Kragen, Scutellum und den Tergiten 1 und 2 ist sehr ausgedehnt. Das Hinterende ist nicht weiß, sondern hellrot behaart.

KUCKUCKSHUMMEL
Hauptsächlich die Wald-Kuckuckshummel *(Bombus sylvestris)*. Die Heidehummel kann offenbar auch Wirt für weitere Kuckuckshummeln (Norwegische Kuckuckshummel, Alpen-Kuckuckshummel, Bärtige Kuckuckshummel) und für die Tundrahummel *(Bombus hyperboreus)* sein.

ÄHNLICHE ARTEN
Semenov-Hummel (*Bombus semenoviellus*, insbesondere die Männchen!) und Gartenhummel *(Bombus hortorum)*.

Heidehummel-Arbeiterin der ssp. *jonellus* an Besenheide *(Calluna vulgaris)*. Die sehr späte Flugzeit deutet darauf hin, dass es sich um eine 2. Generation handelt. Brandenburg, 9.9.2022.

Im Frühjahr sammeln Heidehummeln besonders gern den weißen Heidelbeerpollen *(Vaccinium myrtillus)*. Dabei fliegen sie sehr schnell und unruhig im Halbdunkel des Waldbodens tief zwischen den Heidelbeerzweigen herum und sind schwer zu beobachten. Brandenburg, 11.4.2024.

Lückiger Besenheidebestand in Sielmanns Naturlandschaft Tangersdorfer Heide auf einem ehemaligen Truppenübungsplatz. Hier flogen zum Zeitpunkt der Aufnahme Heidehummeln *(Bombus jonellus jonellus)* und Männchen der Großen Erdhummel *(Bombus magnus)*. Brandenburg, 9.9.2022.

Heidehummel-Arbeiterin der ssp. *subborealis* am Rand des Rondane-Nationalparks auf Blüten der Gewöhnlichen Goldrute *(Solidago virgaurea)*. Norwegen, Innlandet, 19.7.2023.

Eine Heidehummel der ssp. *hebridensis* mit reichlich Pollen im Körbchen auf der Insel Lewis and Harris an Kleinem Klappertopf *(Rhinanthus minor)*. Kennzeichnend sind das rote Hinterende und die Ausdehnung der gelben Behaarung über das 1. und 2. Tergit. Schottland, Äußere Hebriden, 20.7 2018.

Heidehummel-Männchen der ssp. *subborealis* an Blüten des Schmalblättrigen Weidenröschens *(Epilobium angustifolium)*. Schweden, Norrbotten, 26.7.2024.

Wiesenhummel

Bombus pratorum Linnaeus, 1761
—*Pyrobombus*

AUSSEHEN

Die Wiesenhummel ist eine kleine Art: Königinnen erreichen eine Länge von 17 mm, Arbeiterinnen werden 9–14 mm, Männchen 11–13 mm lang. Bemerkenswert ist die große individuelle Variabilität der Wiesenhummel. Typisch ist bei weiblichen Tieren ein gelber Kragen, der seitlich kaum über die Flügelansätze hinabreicht, eine gelbe Querbinde auf dem 2. Tergit und die hellrote Behaarung des Hinterendes ab dem 4. oder 5. Tergit. Allerdings kann der Kragen mittig unterbrochen sein oder ganz fehlen, ebenso die Binde auf dem 2. Tergit. In anderen Fällen finden sich gelbe Haare auch auf dem 1. Tergit. Die Körbchenhaare sind schwarz. Die Männchen sind lang behaart und wirken dadurch besonders „flauschig". Das Gesicht ist überwiegend gelb. Der breite gelbe Kragen reicht seitlich weit herab. Die übrige gelbe Behaarung kann fehlen oder sich über die ersten beiden Tergite und den gesamten Thorax ausdehnen.

NISTWEISE

Die Wiesenhummel ist flexibel in der Wahl ihrer Nistplätze. Selten suchen die Königinnen unterirdische Mäusenester, häufiger Vogelnester, Nistkästen, Moospolster, Grasbüschel oder Dachisolierungen aus. Die Völker bleiben mit 50–120 Individuen relativ klein.

BLÜTENBESUCH

Eine große Vielfalt an Blütenpflanzen dient als Nahrungsquelle, darunter auch verschiedene Obstbäume und -sträucher, die von der Wiesenhummel sehr effektiv bestäubt werden.

LEBENSRAUM UND FLUGZEIT

Die Wiesenhummel ist keineswegs nur auf offenem Wiesengelände zu Hause, sondern kann regelmäßig in lichten Wäldern und an Waldrändern beobachtet werden. Sie ist vom Tiefland bis ins Hochgebirge weit verbreitet und im

Wiesenhummel-Königin auf Löwenzahnblüten *(Taraxacum officinale)* mit dunkelgelbem Kragen und einigen gelben Haaren auf dem 2. Tergit. Brandenburg, 30.3.2024.

Garten eine der häufigsten Arten. Dabei tritt sie hauptsächlich im Frühjahr und Frühsommer in Erscheinung: Mitte März erscheinen die Königinnen, Anfang April bereits die ersten Arbeiterinnen. Schon ab Ende Mai kann man den auffälligen Männchen begegnen – damit ist diese Hummel die erste im Jahr, die die Entwicklung ihrer Völker vollendet (englischer Name: Early bumblebee). Die Flugzeit endet in der Regel schon im Juli.

VERBREITUNG
Die Wiesenhummel ist über nahezu ganz Europa einschließlich der Britischen Inseln verbreitet. In Südeuropa fliegt sie vorwiegend in höheren Gebirgslagen.

UNTERARTEN
Die ssp. *pratorum* ist die vorherrschende Unterart in Europa. Auf der Iberischen Halbinsel fliegt die sehr helle ssp. *santonae* mit ausgedehnter Gelbfärbung des Kragens und der Tergite 1–2.

KUCKUCKSHUMMEL
Wald-Kuckuckshummel *(Bombus sylvestris)*.

ÄHNLICHE ARTEN
Normalerweise kann man die Wiesenhummel leicht erkennen. Ihre große Variabilität kann in Einzelfällen zu Verwechslungen mit anderen Hummelarten mit rotem Hinterende führen. Sie sind aber meist kürzer und gleichmäßiger behaart als die Wiesenhummel.

Wiesenhummeln besuchen gern Obstbäume; hier eine Arbeiterin ohne gelbe Haare am Hinterleib an einer Mirabelle (*Prunus domestica* ssp. *syriaca*).

Diese Wiesenhummel-Arbeiterin zeigt bei der Pollenernte an Himbeerblüten *(Rubus idaeus)* einen breiten gelben Kragen und eine gelbe Binde auf dem 2. Tergit. Saarland, 25.5.2016.

Diese weibliche Wiesenhummel mit zitronengelbem Kragen ruht auf den Blütenknospen des Schmalblättrigen Weidenröschens *(Epilobium angustifolium)*. Norwegen, Vestland, 27.7.2023.

Ein typisch gefärbtes, „flauschiges" Wiesenhummel-Männchen trinkt bereits Ende Mai Himbeerblüten-Nektar. Saarland, 25.5.2016.

Dieses Wiesenhummel-Männchen ist vom Gesicht bis zum 2. Tergit nahezu komplett gelb behaart. Saarland, 9.6.2015.

Ein Wiesenhummel-Männchen, das an Scutellum und Hinterleib nur wenige gelbe Haare zeigt, ist in die Fänge einer Veränderlichen Krabbenspinne *(Misumena vatia)* geraten. Schweden, Örebro, 19.7.2024.

Ungarische Hummel, Bluthummel

Bombus haematurus Kriechbaumer, 1870
—*Pyrobombus*

AUSSEHEN

Die Königinnen der Ungarischen Hummel werden maximal 18 mm lang. Arbeiterinnen erreichen eine Länge von 10–12 mm, Männchen 14–15 mm. Die weiblichen Tiere tragen einen breiten gelben Kragen. Die Tergite 2 und 3 sind ebenfalls gelb behaart, so dass der Hinterleib eine sehr breite, hellgelbe Binde aufweist. Bei den Männchen sind das Gesicht, fast der gesamte Thorax und die Tergite 1–3 gelb. Die Hinterleibsspitze (Tergite 5–6 bei Königinnen und Arbeiterinnen, 6–7 bei Männchen) der „Bluthummel" ist rötlich behaart.

NISTWEISE

Die eher kleinen Völker (rund 80 Individuen) entwickeln sich unterirdisch in verlassenen Nagetierbauten, aber wohl auch in Baumhöhlen und anderen Hohlräumen.

BLÜTENBESUCH

Taubnesseln *(Lamium)* zählen zu den wichtigsten Nektar- und Pollenquellen dieser Hummel, die aber auch viele andere Blütenpflanzen aufsucht.

LEBENSRAUM UND FLUGZEIT

Die Ungarische Hummel besiedelt vorwiegend Waldgebiete tiefer und mittlerer Lagen. Auwälder, aber auch städtische Parkanlagen zählen zu ihren bevorzugten Lebensräumen. Die nestsuchenden Königinnen fliegen sehr früh im März und April, Jungköniginnen und Männchen können bereits ab Ende Mai/Anfang Juni beobachtet werden.

VERBREITUNG

Bis zum 20. Jahrhundert reichte die Verbreitung der Ungarischen Hummel vom Norden des Iran über den

Eine Königin der Ungarischen Hummel im Schlosspark Schönbrunn. Charakteristisch ist die sehr breite gelbe Querbinde auf dem Hinterleib. Österreich, Wien, 14.4.2025.

Kaukasus und die küstennahen Regionen des Schwarzen Meeres bis auf den Balkan, wo sie in Serbien ihre nordwestliche Grenze erreichte. Seit den 1980er Jahren breitet sich diese Art jedoch rasch aus und ist über Ungarn und die Slowakei bis nach Österreich vorgedrungen, wo sie 1995 erstmals nachgewiesen wurde und nun in und um Wien zu finden ist. Auch Tschechien hat sie bereits erreicht. Außerdem hat sie über Kroatien und Slowenien die Grenze nach Italien überschritten.

ÄHNLICHE ARTEN

Die Wiesenhummel (*Bombus pratorum*) ist ähnlich gefärbt, allerdings ist deren gelbe Querbinde bei weiblichen Tieren auf dem Hinterleib schmal und erstreckt sich nur über das 2. Tergit, sofern sie nicht ganz fehlt. Helle Wiesenhummel-Männchen sind schwieriger von der Ungarischen Hummel zu unterscheiden, zeigen aber auf dem Hinterleib ebenfalls meist weniger gelbe und mehr rote Behaarung.

Die bräunlich rote Behaarung beschränkt sich auf die letzten beiden Hinterleibssegmente der „Bluthummel" und ist nicht immer so deutlich zu erkennen wie bei dieser Königin. Österreich, Wien, 14.4.2025.

Berglandhummel
Bombus monticola Smith, 1849
—*Pyrobombus*

AUSSEHEN
Königinnen der Berglandhummel werden bis zu 23 mm lang, Arbeiterinnen erreichen 9–16 mm Länge, Männchen 14–15 mm. Die Art ist mit ihrem weitgehend rot behaarten Hinterleib (ab Tergit 2 oder 3) sehr auffällig. Bei der in den Alpen heimischen ssp. *alpestris* ist ein hellgrauer Kragen ausgebildet. Das Scutellum trägt recht lange, hellgraue Haare, die v-förmig angeordnet sind. Das Gesicht ist bei den weiblichen Tieren schwarz, bei den Männchen hell behaart. Außerdem reicht der helle Kragen bei den Männchen seitlich weit herab.

NISTWEISE
Berglandhummeln nisten unterirdisch in Mäusenestern oder über der Erde in Baumhöhlen, Vogelnestern oder Gebäuden. Das Volk kann bis zu 120 Individuen umfassen.

BLÜTENBESUCH
Berglandhummeln besuchen viele verschiedene Blütenpflanzen, zeigen aber eine gewisse Vorliebe für Heidekrautgewächse wie Heidelbeeren (*Vaccinium myrtillus*; daher der englische Name Bilberry bumblebee), Besenheide *(Calluna vulgaris)* oder Alpenrose (*Rhododendron* sp.).

LEBENSRAUM UND FLUGZEIT
In den Alpen fliegt die Berglandhummel in lichten Gehölzbereichen ab 900 m Höhe bis weit über die Baumgrenze hinaus (2.700 m). Die Flugzeit erstreckt sich von Ende März, wenn die ersten nestsuchenden Königinnen erscheinen, bis Anfang September. Arbeiterinnen können ab Mitte April beobachtet werden, Jungköniginnen und Männchen fliegen ab Anfang August aus. In Großbritannien fliegt die Berglandhummel vor allem in höher gelegenen Moor- und Heidegebieten. In Skandinavien

Eine Berglandhummel-Arbeiterin der ssp. *alpestris* an Weißer Teufelskralle *(Phyteuma spicatum)* in den Berchtesgadener Alpen. Bayern, 8.7.2020.

findet man die Berglandlandhummel hauptsächlich in der (Gebirgs-)Tundra und den angrenzenden Birkenwäldern.

VERBREITUNG
Das Vorkommen der Berglandhummel verteilt sich auf mehrere Gebirgsregionen Europas: Kantabrisches Gebirge und Pyrenäen, Alpen, Balkan und Olymp, die Britischen Inseln und Skandinavien.

UNTERARTEN
In den Alpen, auf dem Balkan und auf dem Olymp in Griechenland fliegt die ssp. *alpestris* (Synonym: ssp. *hypsophilus*). Ähnlich gefärbt ist die ssp. *monticola* auf den Britischen Inseln, die ihren Verbreitungsschwerpunkt in den schottischen Highlands und in Wales hat. In Skandinavien kommt die ssp. *scandinavicus* von Südnorwegen entlang der Gebirgskette bis nach Lappland vor. Die Weibchen dieser Unterart zeigen meist keine helle Behaarung an Kragen und Scutellum, sondern weisen einen komplett schwarzen Thorax auf. Bei den Männchen sind Gesicht, Kragen und Scutellum hell behaart. Bei der ssp. *rondoui* in den Pyrenäen und im Kantabrischen Gebirge sind hingegen auch die Weibchen sehr hell mit weißgelben Haaren im Gesicht und auf dem Scheitel sowie ausgedehnt heller Behaarung auf Kragen, Scutellum und Tergit 1. Die Tergite 4–5 tragen außerdem seitlich lange helle Haare. Sehr ähnlich ist auch die ssp. *mathildis* in den nördlichen Apenninen gefärbt.

KUCKUCKSHUMMEL
Gelbe Alpenkuckuckshummel *(Bombus flavidus)*.

ÄHNLICHE ARTEN
Andere Hochgebirgshummeln mit rotem Hinterende wie Pyrenäenhummel *(Bombus pyrenaeus)* oder Höhenhummel *(B. sichelii)* bergen nur bei oberflächlicher Betrachtung eine Verwechslungsgefahr, da die Rotfärbung des Hinterleibs bei der Berglandhummel wesentlich ausgedehnter ist. Vor allem die Königinnen der ssp. *scandinavicus* ähneln aber stark der ansonsten deutlich größeren Alpenhummel *(B. alpinus)*. Im südlichen Skandinavien kann die Berglandhummel im Gelände außerdem nicht von der Lapplandhummel *(B. lapponicus)* unterschieden werden, da diese nur im hohen Norden die charakteristische helle Behaarung aufweist.

Ein frisch geschlüpftes Berglandhummel-Männchen der ssp. *alpestris* mit der charakteristischen, ausgedehnt hellen Behaarung an Weißklee *(Trifolium repens)* auf dem Niederhorn in 1.700 m Höhe. Schweiz, Kanton Bern, 4.7.2025.

Eine Berglandhummel-Arbeiterin der ssp. *monticola* an Besenheide *(Calluna vulgaris)* im Cairngorms-Nationalpark. Schottland, 1.8.2016.

Berglandhummel-Jungkönigin (ssp. *scandinavicus*) mit zahlreichen Milben. Norwegen, Nordland, 31.7.2024.

Ein Berglandhummel-Männchen der ssp. *scandinavicus* trinkt Nektar an Alpenscharte *(Saussurea alpina)* in der Tundra des Abisko-Nationalparks. Schweden, Norrbotten, 27.7.2024.

Diese weibliche Berglandhummel der ssp. *rondoui* sammelt Läusekraut-Pollen *(Pedicularis pyrenaica)* in den Pyrenäen. Frankreich, Pyrénées-Orientales, 8.7.2024.

Lebensraum der Bergwaldhummel (ssp. *rondoui*) im Vallée d'Eyne auf rund 2.500 m Höhe. Frankreich, Pyrénées-Orientales, 8.7.2024.

Lapplandhummel

Bombus lapponicus Fabricius, 1793
—*Pyrobombus*

AUSSEHEN

Die Lapplandhummel hat im nördlichen Teil ihres Verbreitungsgebiets eine sehr charakteristische, bunte Färbung: Kragen und Scutellum sind breit hellgelb behaart, auch der Hinterleib erscheint weitgehend hellgelb. Allerdings setzen sich davon die Tergite 2 und 3 orange bis hellrot ab. Die Männchen tragen auch im Gesicht helle Haare. In den Gebirgsregionen des mittleren und südlichen Skandinaviens ist die Lapplandhummel allerdings dunkler gefärbt und ähnelt so sehr der Berglandhummel, dass beide Arten im Gelände nicht voneinander unterschieden werden können. Der Thorax ist hier bei weiblichen Tieren meist komplett schwarz behaart, der Hinterleib ab dem 2. Tergit rot. Männchen weisen einen hellen Kragen sowie helle Haare im Gesicht und auf dem Scutellum auf.

NISTWEISE

Die Lapplandhummel nistet vorwiegend unterirdisch in verlassenen Nagetierbauten.

BLÜTENBESUCH

Es ist keine spezielle Bevorzugung bestimmter Blütenpflanzen erkennbar.

LEBENSRAUM UND FLUGZEIT

Lapplandhummeln fliegen von Mai bis September in der Tundra und Taiga Skandinaviens. Männchen können von Mitte Juni bis Ende August beobachtet werden.

VERBREITUNG

Die Lapplandhummel ist in Skandinavien heimisch, wo sie in der Gebirgskette vom südlichen Norwegen bis nach Lappland vorkommt. Im hohen Norden ist sie auch in niedrigen Lagen bis an die Küsten der Barentssee zu finden. Im Osten erstreckt sich das Verbreitungsgebiet über den Norden Finnlands bis weit in das nördliche Russland hinein.

KUCKUCKSHUMMEL

Wahrscheinlich die Gelbe Alpenkuckuckshummel *(Bombus flavidus)*.

ÄHNLICHE ARTEN

Berglandhummel *(Bombus monticola scandinavicus)*.

Eine weibliche Lapplandhummel auf Blüten der Alpenscharte *(Saussurea alpina)* im Abisko-Nationalpark. Schweden, Norrbotten, 30.7.2024.

Lapplandhummel

Die Männchen der Lapplandhummel sind bis auf die schwarze Querbinde zwischen den Flügeln und die hellrote Querbinde auf dem Hinterleib nahezu vollständig hellgelb behaart. Schweden, Norrbotten, 29.7.2024.

Dieses Männchen trinkt Nektar an Blüten der Gewöhnlichen Goldrute *(Solidago virgaurea)*. Schweden, Norrbotten, 27.7.2024.

In der Tundra Lapplands, hier auf dem Berg Njulla im Abisko-Nationalpark, sind Lappland- und Berglandhummel auf den Blüten von Goldrute und Alpenscharte zahlreich zu beobachten. Schweden, Norrbotten, 27.7.2024.

Pyrenäenhummel

Bombus pyrenaeus Pérez, 1879
—*Pyrobombus*

AUSSEHEN

Die Pyrenäenhummel ist eine kleine bis mittelgroße Art: Königinnen erreichen eine Länge von maximal 20 mm; Arbeiterinnen sind 9–12 mm, Männchen 11–12 mm lang. Bei den weiblichen Tieren der in den Alpen heimischen ssp. *tenuifasciatus* sind Kragen, Scutellum und das 1. Tergit graugelb behaart. Kennzeichnend ist im Vergleich zur sehr ähnlichen Höhenhummel, dass Thorax und Beine unterseits ebenfalls hell behaart sind. Tergit 2 und der Vorderrand von Tergit 3 sind schwarz. Das Hinterende ist ab Mitte des 3. Tergits hellrot.

Bei den Männchen ist die graugelbe Behaarung noch wesentlich ausgedehnter und erstreckt sich über Gesicht, Scheitel, Kragen, Scutellum sowie die Tergite 1 und 2. Das 3. Tergit ist überwiegend schwarz, das Hinterende ab dem 4. Tergit hellrot. Im Unterschied zur Höhenhummel ist das Gesicht auch oberhalb der Antennenansätze gelb behaart, und der Thorax trägt seitlich durchgehend einen gelbgrauen Pelz.

NISTWEISE

Die Pyrenäenhummel kann ober- oder unterirdisch in Tiernestern, Gebäuden oder unter Grasbüscheln nisten.

BLÜTENBESUCH

Es werden viele verschiedene alpine Blütenpflanzen als Nahrungsquellen genutzt.

Dieses Pyrenäenhummel-Männchen der ssp. *tenuifasciatus* – hier in den Alpen auf rund 2.400 m Höhe – zeigt als charakteristische Merkmale das bis oberhalb der Antennenansätze hell behaarte Gesicht und den seitlich durchgehend gelben Thoraxpelz. Österreich, Salzburg, 24.8.2024.

Pyrenäenhummel

LEBENSRAUM UND FLUGZEIT
Die Pyrenäenhummel fliegt in den Alpen vorwiegend oberhalb der Baumgrenze in 1.900–2.700 m Höhe. Königinnen begeben sich im Mai auf Nistplatzsuche, Arbeiterinnen kann man von Juni bis September beobachten, Jungköniginnen und Männchen fliegen von Juli bis September aus.

VERBREITUNG
Das Verbreitungsgebiet der Pyrenäenhummel umfasst die Gebirge im südlichen und mittleren Europa (Pyrenäen, Alpen, Karpaten, Balkan).

UNTERARTEN
Die voneinander isolierten Vorkommen der Pyrenäenhummel gliedern sich in sechs Unterarten. In den Alpen fliegt die ssp. *tenuifasciatus*. Die ssp. *pyrenaeus* der Pyrenäen ist heller: Bei den weiblichen Tieren sind sowohl der Thorax als auch die Tergite 1 und 2 ausgedehnter gelbgrau behaart. Weitere Unterarten sind ssp. *afasciatus* (Tatra, sehr dunkel gefärbt) sowie auf der Balkanhalbinsel die ssp. *thracicus*, ssp. *balcanicus* und ssp. *wageneri*. Letztere ist in Griechenland und Nordmazedonien heimisch und durch eine ausgedehnte Rotfärbung des Hinterleibs (ab Tergit 2) gekennzeichnet.

KUCKUCKSHUMMEL
Möglicherweise die Gelbe Alpenkuckuckshummel *(Bombus flavidus)*.

ÄHNLICHE ARTEN
Höhenhummel *(Bombus sichelii)*, Trughummel *(Bombus mendax)*, Grashummel *(Bombus ruderarius* f. *montanus)*.

Eine schmale schwarze Querbinde auf dem 3. Tergit trennt beim Pyrenäenhummel-Männchen die hellen Tergite 1 und 2 vom roten Hinterende. Österreich, Salzburg, 24.8.2024.

Schneehummel

Bombus niveatus Kriechbaumer, 1870
—*Sibiricobombus*

AUSSEHEN

Die Schneehummel hat eine sehr charakteristische Färbung: Kragen und Scutellum sowie die Tergite 1 und 2 sind ausgedehnt weiß oder blassgelb behaart. Tergit 3 ist schwarz. Ab dem 4. Tergit ist das Hinterende hellrot gefärbt. Die Behaarung wirkt insgesamt gleichmäßig dicht und kurz. Das Gesicht ist bei den weiblichen Tieren schwarz, bei den Männchen hell behaart. Gesicht und Rüssel sind auffallend lang. Die Männchen haben stark vergrößerte Augen.

NISTWEISE

Nester werden in Hohlräumen, auch an Gebäuden, angelegt. Offenbar nutzt die Schneehummel gern Vogelnester in Nistkästen, insbesondere vom Gartenrotschwanz *(Phoenicurus phoenicurus)*.

BLÜTENBESUCH

Es werden vor allem Blüten mit tiefen Kelchen wie Schmetterlings- und Lippenblütler aufgesucht. Eine besonders wichtige Rolle spielen außerdem Natternkopf *(Echium)* und Ochsenzunge *(Anchusa)*.

LEBENSRAUM

Die Schneehummel ist an offene bis halboffene Lebensräume von der Ebene bis in höhere Gebirgslagen hinein gebunden.

Die ausgedehnt helle Behaarung, hier mit dem für die ssp. *vorticosus* typischen Gelbstich, und der lange Rüssel sind charakteristisch für die Schneehummel. Griechenland, Westmakedonien, 17.6.2025.

Schneehummel

VERBREITUNG

Das Verbreitungsgebiet dieser Art erstreckt sich vom nördlichen Iran über den Kaukasus und Anatolien, Israel und den Libanon bis auf den Balkan (nördlich bis Serbien). Der Klimawandel könnte in Europa eine Ausbreitung Richtung Norden begünstigen. Allerdings scheinen die landwirtschaftliche Intensivierung und die damit einhergehende Vernichtung blütenreicher Lebensräume aktuell sehr negativ zu wirken. So ist die Schneehummel zum Beispiel in Griechenland selten geworden.

UNTERARTEN

Auf dem Balkan fliegt ausschließlich die ssp. *vorticosus*, bei der die helle Behaarung meist eine gelbliche Tönung aufweist. In den Gebirgssteppen Anatoliens und des Kaukasus ist hingegen die ssp. *niveatus* mit stets schneeweißem Pelz verbreitet. In Anatolien ist sie eine der häufigsten Hummeln.

ÄHNLICHE ARTEN

Auf dem Balkan ist die Schneehummel unverwechselbar. In den östlichen Regionen ihres Verbreitungsgebiets gibt es mehrere sehr ähnliche Arten. Hier sind das lange Gesicht und der lange Rüssel wichtige Bestimmungsmerkmale.

Die ausgedehnte helle Behaarung und die kontrastreich bunte Färbung des Hinterleibs verleihen der Schneehummel eine außergewöhnliche Ästhetik. Griechenland, Westmakedonien, 17.6.2025.

Diese Schneehummel-Arbeiterin sammelt an Italienischem Natternkopf *(Echium italicum)* im Prespa-Nationalpark. Griechenland, Westmakedonien, 17.6.2025.

Üppige Bestände an Italienischem Natternkopf *(Echium italicum)* wie hier im Prespa-Nationalpark stellen wichtige Nahrungsressourcen für Hummeln dar. An diesem Standort nah am Kleinen Prespasee konnten Schneehummel, Mooshummel *(B. muscorum)*, Tonerdhummel *(B. argillaceus)*, Veränderliche Hummel *(B. humilis)* und Bunte Hummel *(B. sylvarum)* in großer Zahl gemeinsam beobachtet werden.
Griechenland, Westmakedonien, 23.6.2025.

Erdbauhummel, Grubenhummel

Bombus subterraneus Linnaeus, 1758
—*Subterraneobombus*

AUSSEHEN
Eine mittelgroße Hummel: Königinnen werden bis 20 mm lang, Arbeiterinnen und Männchen messen 13–15 mm. Kopf und Rüssel sind lang. Charakteristisch für die Erdbauhummel ist ihre gleichmäßige, sehr kurze Behaarung auf dem Thorax (englischer Name: Short-haired bumblebee). Erdbauhummeln der am weitesten verbreiteten, aber seltenen ssp. *latreillellus* tragen einen gelben Kragen, das Scutellum ist sichelförmig gelb behaart, auch das 1. Tergit trägt meist zumindest an den Seiten gelbe Haare. Die Tergite 2 und 3 sind schwarz mit einem Saum aus hellen Haaren (weiß oder gelb) am Hinterrand. Der helle Saum von Tergit 2 ist das wichtigste Unterscheidungsmerkmal von mehreren ähnlichen Arten wie der Gartenhummel, aber leider nicht immer deutlich ausgeprägt. Die Tergite 4 und 5 (bei den Männchen 4–6) sind weiß, insbesondere bei den Männchen oft auch gelblich. Die weiblichen Tiere der skandinavischen ssp. *subterraneus* sind überwiegend schwarz; lediglich die Tergite 4 und 5 gelblich braun bis rötlich braun behaart. Die übrigen Tergitränder zeichnen sich manchmal durch etwas hellere Säume ab. Die Erdbauhummeln Finnlands sind typischerweise an Kragen, Scutellum und auf dem 1. Tergit dunkelgelb oder bräunlich, die Tergite 4–5 rötlich braun oder ockergelb bis weiß behaart, die Tergite 2 und 3 tragen einen braunen oder gelben Saum. Daneben kommen in Finnland aber auch helle Exemplare, die der ssp. *latreillellus* entsprechen, vor – und auf den Åland-Inseln wie im benachbarten Mittelschweden die nahezu schwarze ssp. *subterraneus*.

NISTWEISE
Vorzugsweise unterirdisch in Nagetierbauten. Das Volk umfasst bis zu 100 Individuen.

BLÜTENBESUCH
Die Erdbauhummel zeigt eine klare Präferenz für Blüten mit tiefen Kelchen. Sie besucht daher besonders gern Schmetterlingsblütler wie Klee *(Trifolium)* und Wicken *(Vicia)* sowie Lippenblütler wie Ziest *(Stachys)*, Taub-

Die hell gezeichnete Erdbauhummel-Arbeiterin mit dem Muster der ssp. *latreillellus* zeigt deutlich die hellen Säume aus gelblichen Fransen am 2. und 3. Tergit. Finnland, Helsinki, 4.7.2025.

Der lange Rüssel der Erdbauhummel-Königin ist eine Anpassung an Blüten mit tiefen Kelchen. Schweden, Uppsala, 29.5.2025.

Die charakteristisch schwarz gefärbten Erdbauhummeln der ssp. *subterraneus* beginnen oft erst Ende Mai mit der Nestgründung. Diese Königin besucht Blüten des Echten Beinwells *(Symphytum officinale)* und versorgt bereits Brutzellen, wie der leuchtend gelbe Pollenklumpen erkennen lässt. Schweden, Uppsala, 29.5.2025.

Diese weibliche Erdbauhummel zeigt braune Behaarung an Kragen und Scutellum, hellbraune Fransen am 2. und 3. Tergit sowie ein weißes Hinterende. Finnland, Helsinki, 4.7.2025.

Ein Erdbauhummel-Männchen der ssp. *subterraneus* mit breiten, hellgelben Querbinden trinkt *Phacelia*-Nektar im Botanischen Garten von Uppsala. Schweden, 4.8.2024.

Diese Arbeiterin zeigt das charakteristische, recht dunkle Farbmuster vieler Erdbauhummeln in Finnland: Kragen und Scutellum sind dunkelgelb, das Hinterende ist bräunlich. Sie besucht Blüten der Weißen Taubnessel *(Lamium album)*, die als Nahrungspflanze bei dieser Art sehr begehrt ist. Helsinki, 3.7.2025.

nesseln *Lamium)* und Klappertopf (*Rhinanthus*). Sehr beliebt ist außerdem Echter Beinwell *(Symphytum officinale)*.

LEBENSRAUM UND FLUGZEIT

Man kann die Erdbauhummel auf Wiesen und Weiden, an Böschungen und Wegrändern aufspüren. Ihr bevorzugtes Habitat ist trockenes, blütenreiches Grasland im Tiefland und im montanen Bereich. Wo sie noch häufiger zu finden ist – etwa im südlichen und mittleren Schweden und im südlichen Finnland –, lässt sie sich auch innerorts in Gärten und Parks beobachten, beispielsweise an Lavendelblüten. Nestsuchende Königinnen starten sehr spät in die Saison, zwischen Mitte Mai und Mitte Juni. Arbeiterinnen fliegen ab Juni, Männchen und Jungköniginnen von Mitte Juli bis in den Oktober hinein.

Die große Variabilität der Erdbauhummel-Männchen führt dazu, dass fast jedes Individuum ein wenig anders gefärbt ist. Dieses Männchen zeigt eine recht ausgedehnte grauweiße Behaarung. Schweden, Västmanland, 23.7.2024.

VERBREITUNG

Das Verbreitungsgebiet umfasst weite Teile Europas einschließlich Englands und Südskandinaviens. Im Norden fliegt sie im Tiefland, im Süden (zum Beispiel in den Pyrenäen) bevorzugt sie die Bergregionen. In den Alpen ist sie bis in Höhen von 1.700 m zu finden. Die Art kommt generell fast nirgends in hoher Dichte vor, leidet aber seit Mitte des 20. Jahrhunderts unter starken Bestandsrückgängen und ist daher in den meisten Regionen sehr selten geworden. Im 19. Jahrhundert wurden englische Erdbauhummeln nach Neuseeland zum Zwecke der Rotkleebestäubung exportiert und breiteten sich dort aus. In England wurde die Art jedoch 1988 letztmals nachgewiesen und gilt dort mittlerweile als ausgestorben. Ein Wiederansiedlungsversuch im Jahr 2009 mit neuseeländischen Erdbauhummeln scheiterte. 2012 lief im englischen Kent ein neues, mehrjähriges Ansiedlungsprojekt mit Erdbauhummel-Königinnen aus Schweden an, das letztlich wahrscheinlich aber auch nicht von Erfolg gekrönt wurde. Leider hat sich die Lage für die Erdbauhummel nicht nur in England fatal entwickelt: Auch in den Niederlanden und Belgien ist sie ausgestorben. In Deutschland gilt sie als stark gefährdet und wird nur noch sehr selten gefunden. Auf der Roten Liste der Hummeln Österreichs wird sie als vom Aussterben bedroht geführt. Sehr zuverlässig lässt sich diese Art lediglich noch in einigen Regionen Schwedens und Finnlands beobachten.

Auch die Erdbauhummel-Männchen der ssp. *subterraneus* können fast ganz schwarz gefärbt sein. Schweden, Uppsala, 4.8.2024.

UNTERARTEN

Am weitesten ist die ssp. *latreillellus* verbreitet. Die beiden anderen Unterarten sind sehr viel dunkler gefärbt, insbesondere die weiblichen Tiere nahezu komplett schwarz: ssp. *subterraneus* im südlichen Skandinavien und ssp. *liguriensis* in den Seealpen und in Italien.

ÄHNLICHE ARTEN

Insbesondere Arbeiterinnen können sehr leicht mit Gartenhummeln *(B. hortorum)*, Feldhummeln *(B. ruderatus)* und Tonerdhummeln *(B. argillaceus)* verwechselt werden. Auch die Semenov-Hummel *(B. semenoviellus)* sieht sehr ähnlich aus, unterscheidet sich aber durch die helle Gesichtsbehaarung.

Eine Wiese mit üppigem Bewuchs von Echtem Beinwell und Weißer Taubnessel am Stadtrand von Uppsala als „Magnet" für zahlreiche Erdbauhummel-Königinnen. Schweden, 31.5.2025.

Urbaner Lebensraum: Das Knollen-Brandkraut *(Phlomoides tuberosa)* in einem Stadtpark in Helsinki zieht Erdbauhummeln in großer Zahl an. Die Art ist im Raum Helsinki einschließlich der vorgelagerten Inseln wie Suomenlinna und Vallisaari bemerkenswert häufig.

Deichhummel

Bombus distinguendus Morawitz, 1869
—*Subterraneobombus*

AUSSEHEN

Die Deichhummel ist eine große, sehr hübsche und charakteristisch gefärbte Art. Königinnen werden bis 22 mm, Arbeiterinnen 11–18 mm und Männchen 14–16 mm lang. Der gesamte Körper ist oberseits goldgelb behaart, abgesehen von einem breiten schwarzen Streifen, der sich quer über den Thorax zieht. Kopf und Rüssel sind lang.

NISTWEISE

Hauptsächlich unterirdisch in Nestern von Nagetieren. Gelegentlich werden die Nester aber auch oberirdisch unter Grasbüscheln, in alten Vogelnestern oder sogar in Gebäuden angelegt. Das Volk erreicht eine Stärke von maximal 120 Individuen.

BLÜTENBESUCH

Die Deichhummel besucht verschiedene Blüten, zeigt aber eine auffallende Bindung an ausgedehnte Rotkleebestände *(Trifolium pratense)*. Auch Disteln (*Carduus* und *Cirsium*) sowie Flockenblumen *(Centaurea)* werden gern besucht.

LEBENSRAUM UND FLUGZEIT

Man kann die Deichhummel vor allem auf rotkleereichen Wiesen und Weiden, Rotkleeäckern und küstennahen Marschen finden. Die Königinnen erscheinen nach der Überwinterung erst spät, ab Mai, und sind mitunter bis in den Juli hinein auf Nestsuche. Von August bis Anfang Oktober fliegen die Jungköniginnen und Männchen aus.

Diese weibliche Deichhummel sammelt Pollen und Nektar an Rotklee an der Nordspitze der Insel Lewis and Harris. Schottland, Äußere Hebriden, 20.7.2018.

Deichhummel

In Großbritannien zählt die Deichhummel (Great yellow bumblebee) zu den Flaggschiffarten des Naturschutzes. Ab 1940 sanken die Bestände im Süden, und bereits 40 Jahre später war sie aus England, Wales und weiten Teilen Schottlands verschwunden. Nur auf einigen Hebrideninseln, Orkney und wenigen Orten entlang der Nordküste Schottlands haben Populationen ins 21. Jahrhundert hinein überdauert. Eine wichtige Rolle spielt die Blütenpracht des Machair. Die typische, artenreiche Machair-Vegetation wächst auf vom Wind angelagerten Muschelsand in der Küstenebene hinter den Dünen am Atlantik und wird extensiv landwirtschaftlich genutzt. Neben Rotklee und weiteren Schmetterlingsblütlern besucht die Deichhummel dort gern die Schwarze Flockenblume *(Centaurea nigra)*.

VERBREITUNG

Von den Britischen Inseln über Mittel- und Nordeuropa sowie im Osten weiter durch ganz Sibirien bis zur Pazifikküste verbreitet. Im Mittelmeerraum kommt sie hingegen nicht vor. In Europa ist die Deichhummel selten und erleidet seit Mitte des 20. Jahrhunderts fast überall dramatische Rückgänge bis hin zum völligen Erlöschen der Bestände – so geschehen beispielsweise in den Niederlanden und Belgien. Auch Funde in Deutschland sind inzwischen große Glücksfälle.

ÄHNLICHE ARTEN

Eigentlich unverwechselbar, aber verblasste Deichhummeln können Sandhummel *(Bombus veteranus)* und Erdbauhummel *(Bombus subterraneus)* ähneln.

Eine Deichhummel-Arbeiterin auf Mainland – einer der wenigen Orte in Großbritannien, an denen sie noch in stabilen Populationen vorkommt. Schottland, Orkney, 12.7.2018.

Die üppigen Rotkleebestände im *Brodgar Nature Reserve* rund um den berühmten *Ring of Brodgar*, der in der Jungsteinzeit aus Megalithen errichtet wurde, sichern Deich- und Mooshummel bislang die Existenz. Schottland, Orkney, 12.7.2018.

Große Steppenhummel, Dufthummel

Bombus fragrans Pallas, 1771
—*Subterraneobombus*

AUSSEHEN

Die Königinnen der Großen Steppenhummel erreichen 3 cm Körperlänge und sind damit die größten Hummeln Europas. Mit ihrer kurzen, goldgelben Behaarung und den dunklen Flügeln ist die Art sehr auffällig. Die Segmentgrenzen zwischen den Tergiten zeichnen sich auf dem Hinterleib als schwarze Querstreifen ab. Die Männchen sind etwas struppiger behaart, mit gelben Haaren auch im Gesicht.

NISTWEISE

Die Nester werden wohl unterirdisch, etwa in verlassenen Ziesel-Nestern, angelegt. Die Völker bleiben recht klein (50–100 Individuen).

BLÜTENBESUCH

Ochsenzunge *(Anchusa)*, Schmetterlingsblütler und Disteln gelten als wichtigste Nahrungspflanzen.

LEBENSRAUM UND FLUGZEIT

Es handelt sich um eine reine Steppenart, die auf landwirtschaftliche Intensivierung sehr empfindlich reagiert. Königinnen erscheinen im Mai, Jungköniginnen und Männchen im August/September.

VERBREITUNG

Das europäische Verbreitungsgebiet reichte vom Osten Österreichs über Ungarn bis in die Ukraine und nach Russland sowie in die Kaukasusregion, darüber hinaus kommt sie in den Steppen Zentralasiens und Anatoliens vor. Westlich der Ukraine sind alle Vorkommen erloschen. In der Ukraine und Russland verzeichnet sie in jüngerer Zeit massive Rückgänge. Im 19. Jahrhundert zeigte sich die Art offenbar noch expansiv und drang nach Westen in das Wiener Becken vor. Am Neusiedler See muss sie nach Sammlungsbelegen aus dem Jahr 1940 häufig gewesen sein. Der letzte belegte Nachweis aus Österreich stammt aus dem Jahr 1967.

ÄHNLICHE ARTEN

Arbeiterinnen und Männchen können auf den ersten Blick mit Deichhummel *(B. distinguendus)*, Armenischer Hummel *(B. armeniacus)* und Östlicher Hummel *(B. zonatus)* verwechselt werden.

Diese Große Steppenhummel-Königin im Museum für Naturkunde Berlin wurde 1940 in Österreich (Burgenland) am Neusiedler See gesammelt.

Porträt einer Großen Steppenhummel-Königin im Museum für Naturkunde Berlin.

Ein Männchen der Großen Steppenhummel aus derselben Sammlung vom Neusiedler See.

Ackerhummel

Bombus pascuorum Scopoli, 1763
—*Thoracobombus*

AUSSEHEN

Die Ackerhummel ist eine kleine Hummel: Königinnen werden bis 18 mm, Arbeiterinnen 9–15 mm und Männchen 12–14 mm lang. In ihrer Färbung ist diese Art sehr variabel. Der Thorax ist oberseits leuchtend orangebraun behaart, in der Mitte liegt oft ein dreieckiger, durch schwarze Haare deutlich verdunkelter Bereich. Auch das Ende des Hinterleibs (Tergite 4–6) ist in der Mitte wieder orangebraun gefärbt. Im Gesicht, an den Seiten des Körpers, auf dem 1. Tergit, an den Hinterrändern der übrigen Tergite und an den Beinen dominiert graue Behaarung, wobei in unterschiedlichem Maße schwarze Haare eingemischt sind. Die buschigen grauen Haare an den Seiten des Thorax und auf dem 1. Tergit leuchten häufig fast weiß, sind manchmal aber auch gelblich getönt. In einigen Fällen dominiert statt der „feurigen" Thoraxbehaarung ein verwaschenes Gelbgrau. Im Laufe der oft langen Flugzeit eines Tieres verblassen die Haare zudem und reiben sich ab. Die Hummeln machen dann einen insgesamt „schmutzig" grauen Eindruck. Die Behaarung der Ackerhummel wirkt im Vergleich zu ähnlichen Arten wie Veränderlicher und Mooshummel sehr struppig.

NISTWEISE

Ackerhummeln sind überaus flexibel in der Wahl ihres Neststandortes: Unterirdische Mäusenester können ebenso gewählt werden wie Vogelnistkästen oder Eichhörnchennester, Kompost- und Strohhaufen, Ställe, Hohlräume hinter Wandverkleidungen oder Dachböden. Das Volk kann eine Stärke von bis zu 150 Individuen erreichen.

BLÜTENBESUCH

Die Vielfalt der besuchten Pflanzenarten ist kaum einzugrenzen. Blühende Obstbäume sind ebenso beliebt wie Taubnesseln, Lavendel, Klee, Wicken, Disteln oder – als letzte Nahrung im Spätherbst – Efeu.

Eine Königin der Ackerhummel, ssp. *floralis*, stärkt sich zu Frühlingsbeginn an einer blühenden Weide (*Salix* sp.). Brandenburg, 5.4.2020.

LEBENSRAUM UND FLUGZEIT

Meist werden Ackerhummel-Königinnen nach der Überwinterung im April aktiv. Arbeiterinnen fliegen ab Mai, Jungköniginnen und Männchen erscheinen ab Juli, vor allem im August. Manchmal gibt es zwei Entwicklungshöhepunkte, so dass die Geschlechtstiere in zwei Schüben im Juli und August schlüpfen. Bemerkenswert ist die lange Lebensdauer der Völker bis weit in den Oktober hinein. Sogar Anfang November kann man noch Ackerhummeln beobachten. Es ist auch keine Bevorzugung bestimmter Lebensräume erkennbar. Die Art ist nahezu allgegenwärtig, sofern ein Blütenangebot vorhanden ist. Als Kulturfolgerin ist sie oft die wohl häufigste Hummel in Städten und Dörfern, besonders auf Brachflächen, in Parkanlagen und Gärten.

VERBREITUNG

Die Ackerhummel ist praktisch über ganz Europa verbreitet und fehlt nur auf einigen Inseln wie den Shetlands, den Balearen, Sardinien und Kreta. Insgesamt ist sie die häufigste Hummel Europas und hat ihr Areal in den vergangenen Jahren sogar noch erweitert, etwa um Island und die Orkney-Inseln.

Diese Ackerhummel-Arbeiterin, ssp. *floralis*, vertieft sich in einen Schnittlauch-Blütenstand im Garten. Saarland, 16.5.2015.

Porträt einer schon etwas verblassten weiblichen Ackerhummel, ssp. *floralis*. Brandenburg, 22.6.2024.

UNTERARTEN

In Europa sind rund 20 Unterarten der Ackerhummel beschrieben. Die weiteste Verbreitung zeigt die in Mitteleuropa heimische ssp. *floralis*, deren Gebiet sich von Nordfrankreich bis nach Russland erstreckt. Die Unterarten unterscheiden sich in der Ausdehnung der orangebraunen, der grauen und der schwarzen Behaarung. Besonders bemerkenswert ist die Arktische Ackerhummel (ssp. *smithianus*), die in Lappland heimisch ist. Sie hat einen sehr langen, dichten Pelz, ist oberseits bis auf das 1. Tergit durchgehend orangebraun behaart, im Gesicht, an den Beinen, seitlich und unterseits komplett schwarz. Südlich angrenzend fliegt in der Taigaregion die ssp. *sparreanus*, ebenfalls sehr lang behaart, mit ausgedehnter Schwarzfärbung, abgesehen vom Orangebraun auf der Oberseite des Thorax und mittig auf dem Hinterende ab dem 3. Tergit. Im südlichen Skandinavien schließt sich dann die ssp. *pallidofacies* an, die im Gesicht, an den Seiten und auf den vorderen Tergiten wieder graue Behaarung zeigt. Sehr ähnlich wie die ssp. *sparreanus*, aber mit kurzem Pelz, ist die ssp. *moorselensis* aus den Niederlanden und dem nördlichen Belgien. Auch in Griechenland fliegt mit ssp. *olympicus* eine ähnlich gefärbte Unterart, deren Gesicht und Beine sowie häufig die Tergite 1–3 schwarz behaart sind. Überwiegend schwarz-grau ist die ssp. *mniorum* auf den dänischen Inseln, vor allem auf Sjælland, gefärbt. Im mittleren und südlichen Italien sowie auf Korsika fliegt die faszinierend gefärbte ssp. *melleofacies*: Oberseits ist sie gleichmäßig orangebraun behaart, Unterseite und Beine sind schwarz, im Gesicht trägt sie gelbe Haare. Es gibt weitere Unterarten mit überwiegend oranger (zum Beispiel ssp. *gotlandicus* auf der schwedischen Insel Gotland) oder auch mehr gelber Behaarung (wie ssp. *freygessneri* im mittleren und südlichen Frankreich) sowie solche, die den mitteleuropäischen Ackerhummeln stark ähneln, wie die ssp. *vulgo* in England und Wales. Zwischen den Unterarten der Ackerhummel gibt es an den Grenzen der Verbreitungsgebiete häufig Übergangsformen, und auch innerhalb der jeweiligen Areale ist die Ausprägung der Unterart-Merkmale nicht immer konstant.

KUCKUCKSHUMMEL

Feld-Kuckuckshummel *(Bombus campestris)*.

ÄHNLICHE ARTEN

Mooshummel *(Bombus muscorum)*, Veränderliche Hummel *(Bombus humilis)*, Schrencks Hummel *(Bombus schrencki)*.

Ein Ackerhummel-Männchen, ssp. *floralis*, im Garten an Lavendelblüten. Hier ist die gelbliche Farbtönung auffällig. Brandenburg, 14.8.2020.

Dieses Ackerhummel-Männchen, ssp. *floralis*, mit sehr heller, fast weißer Behaarung an den Seiten, trinkt Nektar an der Rispen-Flockenblume *(Centaurea stoebe)*. Brandenburg, 18.7.2020.

Dieses Ackerhummel-Männchen von der Nordseeküste repräsentiert das tiefdunkle Farbmuster der ssp. *moorselensis*, obwohl es sich weitab des Verbreitungsgebiets dieser Unterart (Niederlande, Belgien) befindet. Solche „Überraschungen" sind bei der Ackerhummel nicht selten. Schleswig-Holstein, 1.8.2022.

Die Ackerhummeln Griechenlands gehören der dunklen ssp. *olympicus* an, deren Tergite 1–3 wie bei dieser Arbeiterin oft schwarz, manchmal aber auch zumindest teilweise orange behaart sind. Griechenland, Westmakedonien, 18.6.2025.

Eine Arbeiterin der Arktischen Ackerhummel *(Bombus pascuorum smithianus)* sammelt Pollen und Nektar an Lappländischer Fahnenwicke *(Oxytropis lapponica)* im Abisko-Nationalpark. Norrbotten, Schweden, 27.7.2024.

Dieses Männchen der Arktischen Ackerhummel zeigt sehr schön den langen, oberseits nahezu einheitlich orangebraunen Pelz dieser Unterart. Norrbotten, Schweden, 27.7.2024.

Fluggebiet der Arktischen Ackerhummel: Blick vom Berg Njulla im Abisko-Nationalpark zum berühmten Trogtal „Lapporten" im Hintergrund. Norrbotten, Schweden, 27.7.2024.

Eine Königin der Ackerhummel, ssp. *sparreanus*, in der Region des Dovrefjell an Rotklee (*Trifolium pratense*). Norwegen, Innlandet, 20.7.2023.

Ein Ackerhummel-Männchen der für die skandinavische Taiga typischen Unterart ssp. *sparreanus*. Im Unterschied zur Arktischen Ackerhummel dominiert in der Körpermitte ein schwarzer Pelz. Schweden, Norrbotten, 2.8.2024.

Im südlichen Skandinavien zeigen die Ackerhummeln der ssp. *pallidofacies* – wie diese Arbeiterin westlich von Stockholm – wieder einen deutlichen Anteil grauer Behaarung. Schweden, Södermanland, 18.7.2024.

Ein Ackerhummel-Männchen der ssp. *pallidofacies*.

Eine Arbeiterin der ssp. *gotlandicus*, die in charakteristischer Weise oberseits nahezu einheitlich orange behaart ist. Schweden, Gotland, 8.6.2025.

Eine weibliche Ackerhummel der ssp. *melleofacies* sammelt Pollen und Nektar an Wickenblüten (*Vicia* sp.) auf Korsika. Frankreich, Haute-Corse, 18.5.2024.

Auf Korsika liegt das typische Fluggebiet der Ackerhummeln der ssp. *melleofacies* in den Esskastanienwäldern der Castagniccia, hier beim Blütenbesuch an Affodill (*Asphodelus* sp.). Frankreich, Haute-Corse, 18.5.2024.

Veränderliche Hummel

Bombus humilis Illiger, 1806
— *Thoracobombus*

AUSSEHEN

Es handelt sich um eine recht kleine Art: Königinnen werden bis 18 mm lang, Arbeiterinnen 9–15 mm, Männchen 12–14 mm. Kopf und Rüssel sind lang. Die Veränderliche Hummel trägt ihren Namen nicht umsonst: Sie ist in ihrer Färbung extrem vielgestaltig. Ein Merkmal, das fast alle Farbformen kennzeichnet, ist die braune Behaarung auf dem 2. Tergit, so dass sich dieses als braune Querbinde auf dem ansonsten hellen oder auch dunkleren Hinterleib abzeichnet (englisch: Brown-banded carder bee).
Neben der geografisch abgrenzbaren Differenzierung in verschiedene Unterarten zeigt diese Hummel auch eine große individuelle Variabilität, so dass in manchen Regionen mehrere Farbformen am selben Standort fliegen können. Meist ist der Thorax oberseits dunkelbraun oder rotbraun behaart, der Hinterleib gelb – manchmal sehr hell, manchmal eher bräunlich. Im Gesicht finden sich oft, aber nicht immer, helle Haare. Im östlichen Mitteleuropa, etwa in Brandenburg, dominiert die sehr dunkle Farbvariante f. *tristis*: Der Thorax ist schwarz behaart. Auf dem 2. Tergit ist ein rotbraunes Band zumindest angedeutet. Die weiteren Tergite tragen mehr oder weniger helle Behaarung; einzelne Exemplare erscheinen praktisch vollkommen schwarz. Die Gesichtsbehaarung ist hell, die Körbchenhaare sind rötlich. Daneben fliegen hier dunkle Veränderliche Hummeln mit rotbrauner Thoraxbehaarung. Die Männchen in diesen Populationen sind ebenfalls sehr variabel und können sehr bunt wirken, wenn der Thorax oberseits dunkel, seitlich aber buschig weiß behaart ist und auf dem Hinterleib bräunliche Farbtöne vorherrschen.

NISTWEISE

Selten unterirdisch in Mäusenestern, meist unter Grasbüscheln oder Moospolstern an Wegrändern, auf Böschungen und Wiesen. Die Veränderliche Hummel baut Nester aus trockenem Laub, Gras und Moos. Ein Volk kann bis zu 120 Individuen umfassen.

BLÜTENBESUCH

Die Veränderliche Hummel zeigt eine recht starke Vorliebe für Schmetterlingsblütler wie Klee und Wicken. In trockenwarmen Sandlebensräumen ist sie manchmal zahlreich an Gewöhnlicher Ochsenzunge *(Anchusa officinalis)* zu beobachten.

Die fast ganz schwarz gefärbten Veränderlichen Hummeln der f. *tristis*, hier eine Arbeiterin an Gewöhnlicher Ochsenzunge *(Anchusa officinalis)*, sind sehr markant. Brandenburg, 24.7.2022.

Veränderliche Hummel

LEBENSRAUM UND FLUGZEIT

Die Veränderliche Hummel fliegt auf blütenreichen Wiesen, Kleefeldern, Magerrasen und trockenwarmen Brachflächen. In den Niederlanden ist sie eine Charakterart von Heidegebieten („Heidehommel"). Sehr oft kann sie in denselben Lebensräumen angetroffen werden wie die Bunte Hummel *(Bombus sylvarum)*. Von April bis Juni begeben sich Königinnen auf Nistplatzsuche, ab Mitte Mai erscheinen Arbeiterinnen, von Juli bis Oktober fliegen Männchen und Jungköniginnen aus.

VERBREITUNG

Die Veränderliche Hummel ist über weite Teile Europas verbreitet. In Irland, Schottland und im nördlichen Skandinavien kommt sie jedoch nicht vor. In Mitteleuropa zählt sie zu den seltenen Hummeln. Insbesondere im Nordwesten ist sie kaum zu finden. Auch in England, den Niederlanden und Belgien hat sie durch den fortschreitenden Verlust blütenreicher Lebensräume über Jahrzehnte gravierende Rückgänge erlitten. Regional, etwa im Osten Deutschlands, scheint die wärmeliebende Art aktuell wieder etwas häufiger zu werden.

UNTERARTEN

Es sind mehrere Unterarten beschrieben, deren Abgrenzung aber oft wegen der Überlagerung durch die individuelle Variabilität und die damit verbundene Ausbildung von Farbformen schwierig ist. Einige Beispiele für Unterarten: In Westeuropa fliegt von Großbritannien über Frankreich, Belgien und die Niederlande bis nach Westdeutschland die ssp. *quasimuscorum* mit überwiegend gelblicher Behaarung und oberseits rötlichem Thorax. In Norditalien ist die sehr dunkle ssp. *appeninus* heimisch, in Süditalien die rötliche ssp. *propeaurantiacus*, in Mittelskandinavien die braune ssp. *hafsahlianus*.

KUCKUCKSHUMMEL

Feldkuckuckshummel (*Bombus campestris*).

ÄHNLICHE ARTEN

Mooshummel *(Bombus muscorum)* und Ackerhummel *(Bombus pascuorum)* sind der Veränderlichen Hummel insbesondere in deren hellen Farbformen bzw. Unterarten sehr ähnlich, zumal alle drei Arten oft gemeinsam vorkommen. Die ssp. *quasimuscorum* der Veränderlichen Hummel trägt die große Verwechslungsgefahr mit der Mooshummel schon im Namen. Das bräunliche 2. Tergit und die etwas längere Behaarung der Veränderlichen Hummel im Vergleich zur Mooshummel sind wichtige Anhaltspunkte bei der Bestimmung, in vielen Fällen ist diese aber extrem schwierig.

Im Porträt ist das helle Haarbüschel im Gesicht der Arbeiterin der Veränderlichen Hummel (f. *tristis*) gut erkennbar. Brandenburg, 24.7.2022.

Auch diese weibliche Veränderliche Hummel ist sehr dunkel gefärbt, zeigt aber intensive rotbraune Behaarung auf dem Thorax. Brandenburg, 16.6.2020.

In der dunklen Variante f. *tristis* sind manchmal auch die Männchen der Veränderlichen Hummel fast ganz schwarz gefärbt. Brandenburg, 14.8.2022.

Die Männchen der Veränderlichen Hummel können mit einer kontrastreich ausgeprägten schwarz-weiß-rotbraunen Behaarung sehr bunt wirken. Brandenburg, 9.9.2022.

Ein etwas helleres Männchen der Veränderlichen Hummel mit dunkelbrauner und gelblich grauer Behaarung. Brandenburg, 9.9.2022.

Eine typische Veränderliche Hummel-Arbeiterin in einer hellen, gelblich rotbraunen Farbvariante an Rotklee *(Trifolium pratense)*. Schweden, Örebro, 24.7.2024.

Auch dieses helle Männchen der Veränderlichen Hummel trinkt Nektar an Rotklee. Schweden, Södermanland, 18.7.2024.

Diese Königin der Veränderlichen Hummel an Wundklee *(Anthyllis vulneraria)* zeigt überwiegend einen sehr hellen Pelz, der einen deutlichen Kontrast mit der dunklen Oberseite des Thorax bildet.
Schweiz, Kanton Aargau, 12.4.2025.

Am Nordrand ihres Verbreitungsgebiets im mittleren Skandinavien präsentiert sich die Veränderliche Hummel in der ssp. *hafsahlianus*, die überwiegend bräunlich gefärbt ist. Gesicht und Beine sind wie bei dieser Arbeiterin dunkel. Norwegen, Akershus, 19.7.2023.

Ein Männchen der Veränderlichen Hummel in den typischen rötlichen Brauntönen der ssp. *hafsahlianus*. Norwegen, Akershus, 19.7.2023.

Gemeinsam mit der f. *nigrinus* tritt die Veränderliche Hummel auf dem Balkan in der f. *aurantiacus* auf, deren Thorax kräftig rotbraun behaart ist und die auch im Gesicht und auf dem Hinterleib rötliche Haare aufweist. Griechenland, Westmakedonien, 16.6.2025.

Auf dem südlichen Balkan treten Veränderliche Hummeln oft in der dunklen f. *nigrinus* auf, deren Gesicht, Thorax und 1. Tergit wie bei dieser Arbeiterin meist komplett schwarz gefärbt sind. Griechenland, Westmakedonien, 17.6.2025.

Mooshummel

Bombus muscorum Linnaeus, 1758
—*Thoracobombus*

AUSSEHEN

Die Mooshummel ist eine kleine bis mittelgroße Art. Königinnen werden maximal 19 mm lang, Arbeiterinnen 10–16 mm, Männchen 13–15 mm. Diese Hummel zählt mit ihren leuchtenden Farben zu unseren attraktivsten Arten: Der Thorax ist oberseits leuchtend orange oder orangebraun behaart, meist gesäumt von einem Ring cremegelber Haare. Ansonsten trägt der gesamte Körper – bis auf das schwarze letzte Segment des Hinterleibs – einen hellgelben Pelz, dessen Tönung zwischen einem leuchtenden Strohblond und einem dunkleren Honiggelb variiert. Das 2. Tergit ist oft leicht rötlich oder bräunlich verdunkelt, aber nicht deutlich braun gefärbt wie bei der Veränderlichen Hummel *(Bombus humilis)*. Auch Gesicht und Beine tragen gelblich weiße Haare. Die Behaarung des Körpers wirkt insgesamt auffallend dicht und gleichmäßig, zumindest in mitteleuropäischen Populationen niemals struppig wie bei der Ackerhummel *(Bombus pascuorum)*.

NISTWEISE

Mooshummeln nisten am Boden in Grasbüscheln, unter Moos oder im Sand von Küstendünen, aber auch hoch oben in Vogelnestern, Nistkästen oder an Häusern. Auf Störungen am Nest sollen sie aggressiv reagieren und sogar Vögel vertreiben.

BLÜTENBESUCH

Mooshummeln zeigen eine starke Vorliebe für Schmetterlingsblütler wie Klee und Wicken, außerdem besuchen sie sehr gern Disteln, Natternkopf und auch Glockenheide.

LEBENSRAUM UND FLUGZEIT

Man findet Mooshummeln vorwiegend im Offenland von Feuchtgebieten, in Niedermooren, feuchten Sandheiden und in Küstengebieten. In Mitteleuropa beginnen Königinnen oft erst im Mai mit der Nistplatzsuche. Arbeiterinnen fliegen von Juni bis September, Jungköniginnen und Männchen von Juli bis September.

Eine weibliche Mooshummel der ssp. *muscorum* auf Rotkleeblüten *(Trifolium pratense)*. Schweden, Örebro, 24.7.2024.

Mooshummel

VERBREITUNG

Die Mooshummel ist nahezu über ganz Europa einschließlich der Britischen Inseln verbreitet. In Skandinavien zieht sich ihr Verbreitungsgebiet entlang der norwegischen Küste bis über den Polarkreis hinauf. In vielen Regionen ist sie jedoch stark rückläufig; so wird etwa in Irland, England, den Niederlanden, Belgien und Deutschland seit Jahrzehnten ein dramatischer Rückgang dokumentiert. In Deutschland gilt die Mooshummel als stark gefährdet.

UNTERARTEN

Im überwiegenden Teil Europas fliegt die ssp. *muscorum*. Die Populationen an den Küsten Nordeuropas werden (wie die Mooshummeln im nördlichen Russland) der ssp. *bannitus* zugerechnet. Kennzeichnend sind ein ziegelrot behaarter Thorax, ein schwarzes Gesicht, schwarze Beine und eine schwarze Unterseite. Besonders kontrastreich sind die Mooshummeln auf den Äußeren Hebriden und den Shetlandinseln gefärbt. Sie werden in der Literatur oft als eigene Unterart (ssp. *agricolae*) geführt, sind aber den Populationen an der Westküste Norwegens sehr ähnlich. Isoliert auf Korsika fliegt die ssp. *pereziellus*, bei der die weiblichen Tiere bis auf die überwiegend rot behaarten Tergite schwarz gefärbt sind.

ÄHNLICHE ARTEN

Veränderliche Hummel *(Bombus humilis)* und Ackerhummel *(Bombus pascuorum)* sind der Mooshummel oft sehr ähnlich. In Mitteleuropa ist ein wichtiger Unterschied zur Ackerhummel, dass sich auf dem Thorax der Mooshummel keine schwarzen Haare finden. Die Veränderliche Hummel ist auf dem 2. Tergit meist deutlich braun behaart. Kompliziert machen es allerdings die zahlreichen Farbvarianten und Unterarten von Acker- und Veränderlicher Hummel; insbesondere verblasste Exemplare sind kaum auseinanderzuhalten.

Diese Mooshummel-Arbeiterin sucht Nahrung an den Blüten der Vogelwicke *(Vicia cracca)*. Mecklenburg-Vorpommern, 25.6.2024.

Ein Mooshummel-Männchen trinkt Nektar an Rotklee. Schweden, Örebro, 20.7.2024.

Die Mooshummeln der Orkney-Inseln zeigen wie diese Arbeiterin eine längere, struppigere Behaarung und werden als f. *orcadensis* bezeichnet. Schottland, 9.7.2018.

Griechische Mooshummeln tragen einen besonders kurzen, samtartigen Pelz (f. *laevis*). Griechenland, Westmakedonien, 17.6.2025.

Diese Mooshummel-Arbeiterin auf der Insel Lewis and Harris zeigt deutlich den Kontrast der tiefschwarzen Unterseite zu den leuchtenden Farben der Oberseite. Schottland, Äußere Hebriden, 20.7.2018.

Auf den festlandfernen Inseln Schottlands sind die Mooshummeln der ssp. *bannitus* besonders leuchtend bunt und kontrastreich gezeichnet und werden hier oft sogar einer lokalen Unterart (ssp. *agricolae*) zugeordnet. Schottland, Äußere Hebriden, Lewis and Harris, 20.7.2018.

Auf dieser blütenreichen Wiese mit hohem Rotklee-Anteil an der Nordspitze der Insel Lewis and Harris flogen zum Zeitpunkt der Aufnahme Mooshummel *(Bombus muscorum bannitus)*, Heidehummel *(Bombus jonellus hebridensis)* und Deichhummel *(Bombus distinguendus)* in hohen Individuenzahlen. Schottland, Äußere Hebriden, 20.7.2018.

Schrencks Hummel

Bombus schrencki Morawitz, 1882
—*Thoracobombus*

AUSSEHEN

Königinnen werden maximal 20 mm lang, Arbeiterinnen und Männchen 9–15 mm. Das Farbmuster ist bei weiblichen und männlichen Tieren gleich: Der Thorax ist oberseits orangebraun behaart, an den Seiten heller. Auch die ersten beiden Tergite tragen hellbraune Haare. Die restlichen Tergite sind schwarz, aber die Tergite 2–5 zeigen jeweils einen Saum aus recht langen weißen Haaren. Dadurch weist der Hinterleib eine charakteristische schwarz-weiße Querbänderung auf.

NISTWEISE

Das Nest wird am Boden angelegt, wohl vor allem unter Grasbüscheln.

BLÜTENBESUCH

Schrencks Hummel besucht ein breites Spektrum an Blüten. Regelmäßig kann man sie an Rotklee *(Trifolium pratense)* und Vogelwicke *(Vicia cracca)* beobachten.

LEBENSRAUM UND FLUGZEIT

Schrencks Hummel scheint primär an das Umfeld von Wäldern gebunden zu sein, ist aber auch auf Wiesen, an Wegrändern sowie sogar mitten in Städten in Parks und Gärten zu finden. Die Flugzeit reicht von Ende April bis September.

VERBREITUNG

Die Art ist von Nordosteuropa am Südrand der Taiga entlang durch ganz Sibirien bis zum Pazifik verbreitet. Am Westrand ihres Areals kommt sie im Baltikum vor und zeigt aktuell eine starke Expansion Richtung Westen: Seit den 1990er Jahren ist sie aus dem Nordosten Polens bekannt, im Jahr 2023 wurde sie erstmals im Raum Warschau gefunden. Der erste Beleg aus dem Südosten Finnlands stammt aus dem Jahr 2000. Nachfolgend wurden weite Teile Finnlands rasant besiedelt; 2020 erreichte Schrencks Hummel dort die Küste des Bottnischen Meerbusens.

ÄHNLICHE ARTEN

Eine Verwechslungsgefahr besteht mit der Ackerhummel *(B. pascuorum)* und der Veränderlichen Hummel *(B. humilis)*, insbesondere bei älteren, abgeflogenen Exemplaren, die die schwarz-weiße Bänderung des Hinterleibs nicht mehr so deutlich zeigen. Die oft gemeinsam mit Schrencks Hummel fliegende Ackerhummel lässt sich aber durch die orangebraunen Haare am Ende des Hinterleibs meist eindeutig unterscheiden.

Diese Arbeiterin von Schrencks Hummel sammelt den braunen Pollen des Zickzack-Klees *(Trifolium medium)*. Finnland, Helsinki, 2.7.2025.

Eine Königin von Schrencks Hummel an Zickzack-Klee auf der Schäreninsel Vallisaari. Finnland, Helsinki, 7.7.2025.

Diese Arbeiterin von Schrencks Hummel sammelt an Pracht-Storchschnabel. Finnland, Helsinki, 2.7.2025.

Schrencks Hummel kommt auch in urbanen Lebensräumen vor: Dieser Pracht-Storchschnabel *(Geranium × magnificum)* in einer Parkanlage in Helsinki wurde von zahlreichen Arbeiterinnen besucht. Finnland, 3.7.2025.

Sandhummel

Bombus veteranus Fabricius, 1793
— *Thoracobombus*

AUSSEHEN

Diese Hummel ist eine recht kleine Art: Königinnen werden 19 mm lang, Arbeiterinnen 10–16 mm, Männchen 12–15 mm. Insgesamt ist sie gelblich grau behaart, auch im Gesicht trägt sie helle Haare. Auf der Oberseite des Thorax befindet sich eine breite schwarze Querbinde. Der dunkle Hinterleib schimmert an den Grenzen der Tergite durch, so dass der Hinterleib schwarz-weiß gebändert wirkt.

NISTWEISE

Die Sandhummel nistet wohl hauptsächlich unter Grasbüscheln und Moospolstern, aber auch in verlassenen Mäusenestern. Das Volk erreicht eine Stärke von bis zu 130 Individuen.

BLÜTENBESUCH

Sandhummeln besuchen verschiedene Blütenpflanzen, vor allem Schmetterlingsblütler wie Klee (*Trifolium* sp.), aber sehr gern auch Disteln.

LEBENSRAUM UND FLUGZEIT

Ursprünglich kam die Sandhummel verbreitet im offenen Kulturland vor, auf Wiesen, an Gräben, Böschungen und Wegrändern. Mittlerweile ist sie in den meisten Regionen sehr selten und wird allenfalls noch im blütenreichen Feuchtgrünland von Küsten, Flussniederungen und Mooren angetroffen. Die Königinnen begeben sich von April bis Juni auf Nistplatzsuche. Arbeiterinnen fliegen von Mai bis September, Jungköniginnen und Männchen von Juli bis September.

Eine Sandhummel-Arbeiterin sammelt Pollen und Nektar an der Wiesen-Platterbse *(Lathyrus pratensis)* in einem küstennahen Moorgebiet. Mecklenburg-Vorpommern, 25.6.2024.

Sandhummel

VERBREITUNG

Die Sandhummel hat ihren Verbreitungsschwerpunkt im Tiefland des zentralen und nordöstlichen Europas bis in Höhen von rund 1.000 m, von Frankreich bis nach Finnland und Russland (und weiter östlich bis in die Mongolei). In Südeuropa kommt sie südlich von Massif Central, Alpen und Karpaten nicht vor, auch in Großbritannien fehlt sie, ebenso in Norwegen. In weiten Teilen ihres Verbreitungsgebiets erleidet die Sandhummel seit Jahrzehnten dramatische Rückgänge, etwa in Frankreich, den Niederlanden, Belgien und Deutschland. Interessanterweise gab es in Finnland in jüngerer Zeit eine gegenläufige Bewegung, nämlich eine massive Ausbreitung entlang der Ostseeküste nach Norden, wo sie um das Jahr 2003 an der Spitze des Bottnischen Meerbusens Schweden erreichte. Die Vorkommen der Sandhummel in Südschweden sind hingegen seit den 1950er Jahren erloschen.

ÄHNLICHE ARTEN

Verblasste Exemplare der Bunten Hummel *(Bombus sylvarum)* sehen der Sandhummel sehr ähnlich. Die Grauweiße Hummel *(Bombus mucidus)* ähnelt der Sandhummel ebenfalls, ist aber in den Alpen normalerweise nur in deutlich höheren Lagen anzutreffen.

Charakteristisch für die Sandhummel ist die gleichmäßige schwarz-weiße Bänderung auf dem Hinterleib wie bei dieser Arbeiterin. Mecklenburg-Vorpommern, 25.6.2024.

Bunthummel, Bunte Hummel

Bombus sylvarum Linnaeus, 1761
—*Thoracobombus*

AUSSEHEN

Diese eher kleine, im Gelände stets sehr unruhige Hummel zeichnet sich durch ihre abwechslungsreiche Färbung aus: Das Gesicht ist hell behaart. Der Thorax wirkt insgesamt gelblich grau, auf der Oberseite zeichnet sich jedoch eine sehr breite schwarze Querbinde zwischen den Flügelansätzen ab, die unscharf begrenzt ist. Die Tergite 1 und 2 sind überwiegend gelbgrau behaart. Auf dem 3. Tergit dominiert schwarze Behaarung. Die Tergite 4–6 (bei Männchen 4–7) tragen orange Haare. Dieses Orange kann bei alten, abgeflogenen Exemplaren vollständig verblassen. Königinnen werden bis 18 mm lang, Arbeiterinnen 10–15 mm, Männchen 12–14 mm. Kopf und Rüssel sind lang. Ein charakteristisches Merkmal ist der hohe, durchdringende Summton.
Vereinzelt treten melanistische Exemplare (f. *nigrescens*) auf, die allerdings in manchen Populationen in den Pyrenäen, an der französischen Atlantikküste und in Schweden sogar dominant sein können. Sie sind schwarz mit rotem Hinterende, meist mit rötlichen Körbchenhaaren.

NISTWEISE

Als Nistplätze können Mäusenester unter der Erde, aber auch Grasbüschel dienen. Das Volk erreicht eine Stärke von maximal 150 Individuen.

BLÜTENBESUCH

Die weiblichen Tiere suchen sehr gern Schmetterlingsblütler wie Klee und Wicken sowie die Gewöhnliche Ochsenzunge auf. Männchen kann man am ehesten auf Disteln und Flockenblumen antreffen.

LEBENSRAUM UND FLUGZEIT

In Mitteleuropa ist die Bunthummel auf blütenreichen Wiesen, vor allem aber an trockenwarmen Böschungen und auf Brachflächen, auch in Ortschaften, zu finden. Ihr

Diese Bunthummel-Königin trinkt an Gewöhnlicher Ochsenzunge *(Anchusa officinalis)* Nektar. Brandenburg, 29.5.2020.

Eine Bunthummel-Königin auf Nistplatzsuche am Boden. Brandenburg, 29.5.2020.

Dieses Bunthummel-Männchen trinkt an den Blüten der Gewöhnlichen Kratzdistel *(Cirsium vulgare)* Nektar. Brandenburg, 14.8.2022.

früherer Name „Waldhummel" wird heute kaum mehr verwendet, da sie nicht im Wald vorkommt. Nestsuchende Königinnen fliegen von April bis Anfang Juni, Arbeiterinnen ab Mai. Männchen und Jungköniginnen zeigen sich erst spät im Jahr, nämlich von August bis Oktober.

VERBREITUNG

Die Bunte Hummel ist in Europa sehr weit verbreitet. Sie fehlt in Schottland und im hohen Norden Skandinaviens. In Deutschland ist sie im Norden selten, im Süden und Osten regional etwas häufiger. In einigen Regionen (England, Niederlande, Belgien, Nordfrankreich) ist die Bunte Hummel sehr selten geworden.

KUCKUCKSHUMMEL

Es gibt vereinzelte Berichte über die Felsenkuckuckshummel *(Bombus rupestris)* und die Feldkuckuckshummel *(Bombus campestris)* als Brutparasiten der Bunthummel.

ÄHNLICHE ARTEN

Verblasste Exemplare ähneln stark der Sandhummel *(Bombus veteranus)*. Die melanistischen, schwarz-roten Exemplare der f. *nigrescens* sind im Gelände äußerlich fast nicht von der Grashummel *(Bombus ruderarius)* unterscheidbar – verraten sich aber unmittelbar durch ihren hohen Summton.

In einigen Regionen Europas treten vorwiegend melanistische Bunthummeln der f. *nigrescens* in Erscheinung, wie diese Arbeiterin an Rotklee *(Trifolium pratense)*. Schweden, Örebro, 19.7.2024.

Grauweiße Hummel

Bombus mucidus Gerstaecker, 1869
—*Thoracobombus*

AUSSEHEN

Diese Hummel ist mittelgroß: Königinnen werden 20 mm lang, Arbeiterinnen 12–16 mm, Männchen 13–14 mm. Sie ist insgesamt grauweiß behaart. Im Kontrast dazu stehen die breite schwarze Querbinde auf der Oberseite des Thorax und das vorwiegend schwarze 2. Tergit, das sich als dunkle Querbinde auf dem Hinterleib abhebt. Auch der Kopf ist schwarz, insbesondere die Männchen tragen aber auch einige helle Haare im Gesicht und wirken insgesamt struppiger.

NISTWEISE

Als Nistplätze dienen Mäusenester unter der Erde. Das Volk erreicht eine Stärke von maximal 80 Individuen.

BLÜTENBESUCH

Grauweiße Hummeln nutzen sehr unterschiedliche Blütenpflanzen. Arbeiterinnen und Männchen werden jedoch sehr oft auf Disteln (Gattungen *Carduus* und *Cirsium*) angetroffen.

LEBENSRAUM UND FLUGZEIT

Die Grauweiße Hummel ist in den Alpen auf Wiesen und Weiden in Höhen zwischen 1.200 und 2.300 m Höhe zu finden. Die Königinnen suchen Nistplätze erst im Mai und Juni. Arbeiterinnen fliegen von Juni bis Oktober, Jungköniginnen und Männchen von August bis Oktober. Die Art zählt zu den seltenen alpinen Hummeln.

Eine Arbeiterin der Grauweißen Hummel, ssp. *mucidus*, auf Blüten der Gewöhnlichen Kratzdistel *(Cirsium vulgare)* in den Alpen auf rund 1.500 m Höhe. Österreich, Salzburg, 21.8.2024.

Grauweiße Hummel

VERBREITUNG
Diese Hummel ist ausschließlich in südlichen Gebirgszügen Europas verbreitet: Kantabrisches Gebirge, Pyrenäen, Alpen, zentrale Apenninen, zentrale Karpaten sowie die Gebirge Montenegros und Nordmazedoniens.

UNTERARTEN
Drei Unterarten teilen sich das Verbreitungsgebiet auf: Die ssp. *mucidus* ist in den zentralen und östlichen Alpen, den Apenninen und den Karpaten heimisch. Die ssp. *mollis* fliegt im Kantabrischen Gebirge, den Pyrenäen und den Westalpen. Diese Unterart ist bis auf das schwarze Querband auf dem Thorax einheitlich gelblich grau behaart. In Montenegro und Nordmazedonien findet sich die ssp. *pittioniellus*, bei denen die Tergite 3–5 der weiblichen Tiere rötlich behaart sind.

ÄHNLICHE ARTEN
Sandhummel *(Bombus veteranus)*. Die ssp. *mollis* ist zudem der Berghummel *(Bombus mesomelas mesomelas)* äußerst ähnlich.

Porträt einer Arbeiterin der Grauweißen Hummel, ssp. *mucidus*. Kopf und Rüssel sind bei dieser Art lang. Österreich, Salzburg, 21.8.2024.

Männchen der Grauweißen Hummel, ssp. *mucidus*. Österreich, Salzburg, 21.8.2024.

Berghummel

Bombus mesomelas Gerstaecker, 1869
—*Thoracobombus*

AUSSEHEN

Diese auffällige Hummel kann recht groß werden: Königinnen werden bis zu 24 mm lang, Arbeiterinnen 13–15 mm, Männchen 14–17 mm. Die Färbung ist äußerst apart: Fast der gesamte Körper ist graugelb behaart. Der Kopf und eine breite, scheibenförmige Querbinde auf der Oberseite des Thorax sind schwarz. Die Behaarung an der Basis der Tergite ist rötlich, je nach Lichteinfall schimmert der Hinterleib rosa, olivgrün oder strohgelb.

NISTWEISE

Die Nester befinden sich tief in der Erde in Nagetierbauten. Das Volk kann bis zu 120 Individuen umfassen.

BLÜTENBESUCH

Die Berghummel besucht verschiedene Blütenpflanzen, gern Klee (*Trifolium* sp.), zeigt aber eine deutliche Vorliebe für Disteln der Gattungen *Carduus* und *Cirsium*.

LEBENSRAUM UND FLUGZEIT

In Höhenlagen zwischen 1.400 und 2.500 m besiedelt die Berghummel fast ausschließlich trockenwarme Südhänge (montane Wiesen und Weiden, alpine Matten). Königinnen starten oft erst im Juni in die Saison. Arbeiterinnen fliegen ab Mitte Juni, Jungköniginnen und Männchen von Mitte August bis Oktober.

Eine Berghummel-Arbeiterin auf einem Blütenstand der Alpen-Kratzdistel *(Cirsium spinosissimum)* an einem Alpensüdhang auf 2.300 m Höhe. Österreich, Kärnten, 24.8.2024.

Berghummel

VERBREITUNG
Die Berghummel ist in den Gebirgszügen Südeuropas und weiter östlich bis in den Kaukasus und Nordiran verbreitet. Ihr europäisches Areal umfasst das Kantabrische Gebirge, die Pyrenäen, Alpen, Apenninen, die Hohe Tatra, das Riesengebirge, die Karpaten und einige Gebirgsregionen auf dem Balkan. Historisch kam sie auch in den mitteleuropäischen Mittelgebirgen in Deutschland (Sachsen, Thüringen) und Tschechien vor. Aus diesen Gebieten gibt es jedoch seit Mitte des 20. Jahrhunderts keine Nachweise mehr. In Deutschland gilt die Art mittlerweile als ausgestorben; der letzte Nachweis erfolgte 1956.

UNTERARTEN
In Europa fliegt überwiegend die ssp. *mesomelas*. Nur in den Gebirgen des südlichen Balkans ist die ssp. *albouteus* mit orange behaartem Hinterleib heimisch.

ÄHNLICHE ARTEN
Am größten ist die Verwechslungsgefahr im westlichen Teil des Verbreitungsgebiets mit der Grauweißen Hummel *(Bombus mucidus mollis)*. Nur bei oberflächlicher Betrachtung sind Sandhummel *(Bombus veteranus)* und Deichhummel *(Bombus distinguendus)* ähnlich, die aber vorwiegend im Tiefland vorkommen.

Dieses Berghummel-Männchen trinkt Nektar an der Alpen-Distel (*Carduus defloratus*). Österreich, Kärnten, 24.8.2024.

Das Porträt der Berghummel-Arbeiterin zeigt den langen Kopf und den langen Rüssel. Österreich, Kärnten, 24.8.2024.

Östliche Hummel

Bombus zonatus Smith, 1854
— *Thoracobombus*

AUSSEHEN
Die Östliche Hummel besticht optisch mit ihrer schwarz-gelben Färbung. Der gelbe Kragen ist sehr breit ausgeprägt, auch die Tergite 2 und 3 sind stets gelb. Die Tergite 1 und 4 sowie das Scutellum können ebenfalls mehr oder weniger gelb behaart sein. Männchen sind noch ausgedehnter gelb.

NISTWEISE
Unbekannt.

BLÜTENBESUCH
Ochsenzunge *(Anchusa)* und Natternkopf *(Echium)* sind begehrte Nahrungsquellen, aber auch verschiedene Lippen- und Schmetterlingsblütler.

LEBENSRAUM
Eine typische Art des Offenlandes, die auf blütenreichen Brachen und Wiesen zu finden ist, auch in Waldnähe, oft in Vorgebirgen.

VERBREITUNG
Vom nördlichen Iran erstreckt sich die Verbreitung der Östlichen Hummel über den Kaukasus und Anatolien bis in die Länder des südlichen Balkans (Griechenland, Nordmazedonien, Albanien, Bulgarien) und nach Rumänien. Außerdem gibt es Vorkommen im Süden der Ukraine und Russlands. In Anatolien zählt sie zu den charakteristischen Steppenarten. Möglicherweise besteht das Potenzial, dass sie ihr Areal in Europa im Zuge des fortschreitenden Klimawandels nach Norden ausdehnt. Allerdings verzeichnet sie aktuell aufgrund von Lebensraumverlusten starke Rückgänge und ist auf dem Balkan sehr selten zu finden.

UNTERARTEN
Im europäischen Teil des Verbreitungsgebiets fliegt die ssp. *zonatus*. Von Anatolien und dem Kaukasus bis in den Iran ist die ssp. *apicalis* verbreitet, bei der die Gelbanteile stärker ausgeprägt sind, beispielsweise in Form eines breit gelb behaarten Scutellums.

ÄHNLICHE ARTEN
Unverwechselbar.

Diese Arbeiterin der Östlichen Hummel sammelt an Gewöhnlichem Wirbeldost *(Clinopodium vulgare)*. Griechenland, Westmakedonien, 19.6.2025.

Bei dieser Östlichen Hummel an Weißer Braunelle ist die gelbe Färbung besonders ausgedehnt: Auch der Hinterrand des Scutellums trägt gelbe Haare. Griechenland, Westmakedonien, 19.6.2025.

Dieser dichte Bestand der Weißen Braunelle *(Prunella laciniata)* auf einer Wiese in den westlichen Ausläufern des Pindosgebirges wurde von Östlichen Hummeln, Tonerdhummeln *(B. argillaceus)*, Veränderlichen Hummeln *(B. humilis)* und Ackerhummeln *(B. pascuorum olympicus)* als Nahrungsquelle genutzt. Griechenland, Westmakedonien, 19.6.2025.

Grashummel

Bombus ruderarius Müller, 1776
—*Thoracobombus*

AUSSEHEN

Die Grashummel ist eine recht kleine Art. Königinnen erreichen eine Länge von 18 mm; Arbeiterinnen sind 9–16 mm, Männchen 12–14 mm lang. Der Körper ist überwiegend schwarz behaart, auch das Gesicht. Das Hinterende ist ab dem 4. Tergit orange gefärbt. Auf dem 2. Tergit zeichnen sich meist einige gelbliche Haare ab, die bei den Männchen häufig eine braungelbe Querbinde ausbilden. Die Körbchenhaare sind zumindest an den Spitzen rot. Gelegentlich treten sehr hell gefärbte Grashummel-Exemplare auf, bei denen Kragen, Scutellum und die Tergite 1–2 hellgrau behaart sind. Diese Farbvariante (f. *montanus*) ist in einigen Populationen sogar dominant, etwa in den Pyrenäen, in der Normandie oder im Baltikum.

NISTWEISE

Die Grashummel nistet bevorzugt oberirdisch, oft in Grasbüscheln. Die Völker bleiben klein mit maximal 100 Individuen.

BLÜTENBESUCH

Verschiedene Blütenpflanzen dienen als Nahrungsquellen. Sehr häufig ist sie an Klee (*Trifolium* sp.) zu finden, die Männchen oft auch an Disteln (Gattungen *Carduus* und *Cirsium*).

LEBENSRAUM UND FLUGZEIT

Die Grashummel fliegt in offenen und halboffenen, blütenreichen Lebensräumen. Zu ihren bevorzugten Habitaten zählen Saumstrukturen wie Acker-, Weg-, Straßen- und Grabenränder. Im Süden – etwa in den Alpen und Pyrenäen – ist sie eher in montanen Lagen bis in 2.200 m Höhe zu finden. Königinnen begeben sich ab Mitte April auf Nestsuche. Von Anfang Mai bis Ende August sind Arbeiterinnen zu beobachten, von Mitte Juli bis Anfang September Männchen und Jungköniginnen.

VERBREITUNG

Die Art ist über weite Teile Europas einschließlich der Britischen Inseln verbreitet. Auf der Mittelmeerinseln

Eine Grashummel-Arbeiterin an Rotklee *(Trifolium pratense)*. Deutlich sind die roten Körbchenhaare zu erkennen. Schweden, Södermanland, 18.7.2024.

kommt sie allerdings nicht vor. In Skandinavien meidet sie die hochnordischen Gebiete weitgehend, ist aber in Süd- und Mittelschweden sowie im Süden Finnlands teilweise häufig. In Deutschland zählt sie zu den seltenen und gefährdeten Arten.

KUCKUCKSHUMMEL
Echte Kuckuckshummeln scheinen nicht auf die Grashummel spezialisiert zu sein, aber in den südlichen Alpen und im Kantabrischen Gebirge dient sie offenbar der extrem seltenen Unerwarteten Hummel *(Bombus inexspectatus)* als Wirt, die ebenfalls zur Untergattung *Thoracobombus* zählt und den hellen Farbformen der Grashummel sehr ähnlich ist.

ÄHNLICHE ARTEN
Die Grashummel kann von Steinhummel *(Bombus lapidarius)* und Glockenblumenhummel *(Bombus soroeensis proteus)* durch die roten Körbchenhaare unterschieden werden. Schwarze Formen der Bunten Hummel *(Bombus sylvarum* f. *nigrescens)* sind der Grashummel extrem ähnlich, haben aber einen auffälligen, viel höheren Summton. Grashummel-Männchen können mit Männchen der Felsenkuckuckshummel *(Bombus rupestris)* verwechselt werden. Im Gebirge ähnelt die f. *montanus* der Höhenhummel *(Bombus sichelii)* und der Trughummel *(Bombus mendax)*.

Dieses Grashummel-Männchen trägt eine gelbliche Querbinde auf dem 2. Tergit. Schweden, Örebro, 20.7.2024.

Ein sehr helles Grashummel-Männchen (f. *montanus*) in den Alpen auf rund 2.000 m Höhe. Charakteristisch für die Männchen dieser Art sind die besonders langen Fühler. Österreich, Kärnten, 22.8.2024.

Ein oberirdisches Grashummelnest zwischen Moos und Grasbüscheln. Schweden, Örebro, 24.7.2024.

Auf dieser blütenreichen Wiese flogen zum Zeitpunkt der Aufnahme zahlreiche Grashummeln neben weiteren seltenen Arten wie Mooshummel *(Bombus muscorum)*, Veränderlicher Hummel *(B. humilis)*, Bunthummel *(B. sylvarum)* und Deichhummel *(B. distinguendus)*. Schweden, Örebro, 24.7.2024.

Obsthummel

Bombus pomorum Panzer, 1805
—*Thoracobombus*

AUSSEHEN

Eine mittelgroße Hummel, deren Königinnen bis zu 20 mm Länge erreichen; Arbeiterinnen werden 12–14 mm, Männchen 15–17 mm lang. Königinnen und Arbeiterinnen sind überwiegend schwarz behaart, manchmal ist eine helle Behaarung an Kragen, Scutellum und auf dem 1. Tergit angedeutet. Das 2. Tergit ist meist schwarz behaart mit einigen roten Haaren, auf dem 3. Tergit dominiert umgekehrt Rot mit eingestreuten schwarzen Haaren, und ab dem 4. Tergit ist das Hinterende hellrot behaart. Bei den Männchen zeichnet sich auf Gesicht, Scheitel, Kragen, Scutellum und den ersten drei Tergiten deutlich eine graue Behaarung ab, in die schwarze bzw. ab Tergit 2 rötliche Haare eingemischt sind. Auch bei den Männchen ist das Hinterende ab Tergit 4 rot behaart.

NISTWEISE

Unterirdisch in Nagetierbauten.

BLÜTENBESUCH

Lippen- und Schmetterlingsblütler wie Ziest, Salbei, Klappertopf, Klee, Wundklee, Wicke und Esparsette spielen eine wesentliche Rolle bei der Nahrungsversorgung.

LEBENSRAUM UND FLUGZEIT

Die Obsthummel ist auf offene und halboffene Landschaften wie blütenreiche Magerwiesen und Waldränder angewiesen. Die Flugzeit beginnt erst Ende April; Jungköniginnen und Männchen erscheinen ab Juli oder August.

VERBREITUNG

Das Verbreitungsgebiet dieser Art umfasste einst weite Teile Europas von Frankreich über Belgien, die Niederlande, Deutschland, Dänemark, Österreich, die Schweiz und Polen bis zum Balkan, außerdem die Ukraine und Teile Russlands bis zum Ural sowie Anatolien und den Kauka-

Obsthummel-Königin beim Blütenbesuch an Wundklee *(Anthyllis vulneraria)* im Neckartal. Baden-Württemberg, 28.5.2010.

sus (dort in der helleren ssp. *canus*). Mindestens seit den 1990er Jahren erleidet die Obsthummel dramatische Rückgänge in nahezu ganz Europa. In vielen Ländern und Regionen ist sie mittlerweile gesichert ausgestorben (Nordfrankreich, Belgien, Niederlande, Dänemark, Norddeutschland). Ob und wie lange noch letzte Reliktvorkommen etwa in Süddeutschland, Österreich oder Südfrankreich existieren, ist angesichts weitgehend fehlender aktueller Nachweise unklar. Auf der Roten Liste der Hummeln Österreichs wird als Ursache benannt, dass intensiv genutzte, strukturarme Landschaften der Obsthummel das benötigte kontinuierliche, pollen- und nektarreiche Blütenangebot von Mai bis August nicht mehr im benötigten Umfang bieten können. Es ist leider davon auszugehen, dass diese faszinierend gefärbte Art in sehr naher Zukunft nicht mehr Teil der mittel- und westeuropäischen Fauna sein wird.

ÄHNLICHE ARTEN

Andere Arten mit rotem Hinterende wie Steinhummel *(B. lapidarius)*, Glockenblumenhummel *(B. soroeensis proteus)*, Grashummel *(B. ruderarius)* oder Bergwaldhummel *(B. mastrucatus)* könnten bei oberflächlicher Betrachtung zu Verwechslungen führen.

Der Anblick eines solchen farbenprächtigen Obsthummel-Männchens gehört in weiten Teilen Europas leider der Vergangenheit an. Baden-Württemberg, 31.7.2006.

Lokale und sehr seltene Hummelarten

Im hier betrachteten Gebiet kommen neben den ausführlich porträtierten Arten noch einige weitere Hummeln vor, die extrem selten und in einigen Fällen äußerst lokal verbreitet sind.

Bombus (Bombus) renardi
Radoszkowski, 1881
Endemisch auf Korsika, vorwiegend im Gebirge. Die Art ist sehr eng mit der Hellen Erdhummel *(Bombus lucorum)* verwandt und wurde lange Zeit als Unterart geführt. Bei Königinnen und Arbeiterinnen fehlt der gelbe Kragen oder ist schwach ausgebildet. Tergit 2 ist dunkelgelb behaart, das Hinterende ab Tergit 4 hellorange. Männchen sind an Kopf, Kragen, Scutellum und auf den ersten beiden Tergiten ausgedehnt hell behaart.

Bombus (Pyrobombus) brodmannicus
Vogt, 1909
Eine sehr kleine Hummel, die in Westeuropa in der Unterart ssp. *delmasi* nur in einer isolierten Region der westlichen Alpen in Frankreich und Italien vorkommt. Weit entfernt davon fliegt die ssp. *brodmannicus* in der Kaukasusregion. Typisch ist die ausgedehnt weiße (bei Männchen gelbliche) Behaarung (Kragen, Scutellum, Tergite 1 und 2). Das Hinterende ist ab Tergit 4 rot. Die Art ist auf Wachsblumen (Gattung *Cerinthe*) als Pollenquelle spezialisiert.

Bombus (Pyrobombus) konradini
Reinig, 1965
Kommt nur in Italien im zentralen Apennin vor. Äußerlich nicht von der Bergwaldhummel *(Bombus monticola)* zu unterscheiden und in der Vergangenheit als Unterart geführt.

Armenische Hummel
Bombus (Thoracobombus) armeniacus
Radoszkowski, 1877
Die Armenische Hummel ist eine Steppenart, die von Zentralasien bis nach Europa verbreitet ist. Sie kam im Burgenland, Niederösterreich und im südlichen Tschechien mit der Unterart ssp. *pallasi* vor, deren Verbreitung sich östlich in der Ukraine und Russland fortsetzt. Die Verbreitung der Unterart ssp. *armeniacus* erstreckt sich vom Balkan (Bulgarien, Nordgriechenland) über die Türkei und den Kaukasus bis in den Iran. Die Art ist ausgedehnt hellgelb behaart, zwischen den Flügeln liegt ein schwarzer Querstreifen auf dem Thorax. Die mitteleuropäischen Vorkommen sind erloschen, auch

Im Jahr 1940 wurde die Armenische Hummel *(Bombus armeniacus pallasi)* noch zahlreich im österreichischen Burgenland am Neusiedler See gesammelt – wie dieses weibliche Exemplar, das heute in den Sammlungen des Museums für Naturkunde Berlin steckt.

in der Ukraine und in Russland sind starke Rückgänge zu verzeichnen.

Kleine Steppenhummel
Bombus (Thoracobombus) laesus
Morawitz, 1875

Diese Steppenart kommt in Europa in zwei Unterarten vor. Beide sind ausgedehnt gelb behaart und unterscheiden sich in der Färbung eines kreisrunden Bereichs mittig auf dem Thorax. Bei der Unterart ssp. *laesus* ist der Thorax zentral rötlich behaart – damit ist sie der Mooshummel *(Bombus muscorum)* äußerst ähnlich. Die Verbreitung dieser Unterart reicht von Polen, Ungarn und dem Balkan über Anatolien und den Kaukasus bis Russland und Zentralasien. Die Unterart ssp. *mocsaryi* ist in der Thoraxmitte schwarz behaart und ähnelt damit einigen anderen Arten wie der Veränderlichen Hummel *(Bombus humilis)* oder der Deichhummel *(B. distinguendus)*. Ihre Verbreitung umfasst Spanien und Südfrankreich sowie das östliche Europa (Österreich, Ungarn, Polen, Baltikum, Balkan, Belarus, Ukraine und Russland) und Zentralasien. Die Vorkommen in Österreich und Ungarn sind allerdings erloschen, und auch darüber hinaus gibt es europaweit nur sehr wenige aktuelle Nachweise.

Bombus (Thoracobombus) deuteronymus
Schulz, 1906

Diese überwiegend grau gefärbte Art ähnelt der Sandhummel *(Bombus veteranus)*. Sie ist selten und kommt in der Unterart ssp. *bureschi* auf dem Balkan vor.

Unerwartete Hummel
Bombus (Thoracobombus) inexspectatus
Tkalcú, 1963

Diese sehr seltene Art kommt an den Südhängen der Alpen und im Kantabrischen Gebirge vor. Sie lebt brutparasitisch wie eine Kuckuckshummel in den Nestern der nah verwandten Grashummel *(Bombus ruderarius)* und ähnelt der hellen Farbform (f. *montanus*) ihrer Wirtsart.

Bombus (Thoracobombus) mlokosievitzii
Radoszkowski 1877

Eine seltene, schwarz gefärbte Hummel mit rötlichem Hinterende (ab Tergit 4), die mit der Unterart ssp. *vogtiellus* auf dem Balkan in gebirgigen Regionen Nordgriechenlands und Bulgariens sowie im westlichen Anatolien fliegt. Kennzeichnend sind einige rote Haare auf dem 2. Tergit.

Eine Kleine Steppenhummel *(Bombus laesus mocsaryi)* aus Zentralasien im Museum für Naturkunde Berlin.

Autor und Danksagung

DR. HANNES PETRISCHAK

Jahrgang 1973, studierte Biologie in Kiel, entwickelte und präsentierte dort Veranstaltungen im Planetarium, engagierte sich als Geschäftsführer der Stiftung Forum für Verantwortung viele Jahre lang intensiv im Bereich Bildung für nachhaltige Entwicklung und übernahm Lehraufträge an verschiedenen Hochschulen. Seit 2016 ist er in der Heinz Sielmann Stiftung als Bereichsleiter zuständig für die Entwicklung von Sielmanns Naturlandschaften in Brandenburg – über 12.500 Hektar Fläche auf ehemaligen Truppenübungsplätzen (Döberitzer Heide, Kyritz-Ruppiner Heide, Tangersdorfer Heide), in der Bergbaufolgelandschaft des ehemaligen Braunkohletagebaus in Wanninchen (Niederlausitz) sowie an den Groß Schauener Seen. Ein wesentlicher Schwerpunkt seiner zoologischen Arbeit besteht in der fotografischen Dokumentation der Ökologie und des Verhaltens von Insekten. Neben den Büchern „Expedition Artenvielfalt" (2019) und „Gartensafari" (2022, Oekom) erschienen von ihm im KOSMOS Verlag „Welche Wildbiene ist das?" (2021) und „Gartentiere lebensgroß" (2024).

DANK

Die Dokumentation der Hummeln in Europa konnte nur mit engagierter Unterstützung von Menschen gelingen, die diese Begeisterung teilen. Meine Frau Simone begleitete mich an viele Orte stets mit großer Geduld, um die optimalen Motive fotografisch einzufangen. Die Basis für zahlreiche Entdeckungen legte Dr. Christoph Saure mit seiner unvergleichlichen Kenntnis bemerkenswerter Fundorte (Samthummel!) in Brandenburg und Sachsen-Anhalt. Jan Haft stellte unter anderem wundervolle Einblicke in Nester von Eisenhut- und Lapplandhummel sowie eine vom Neuntöter aufgespießte Hummel zur Verfügung und schaffte es kurz vor Abschluss des Manuskripts sogar, die Tundrahummel in Norwegen zu fotografieren. Dr. Paul Westrich weckte mit seinen imposanten Büchern nicht nur vor vielen Jahren meine Begeisterung für Wildbienen, sondern übermittelte wertvolle Fotos der nahezu verschollenen Obsthummel. Ralf Donat fing mit der Kamera Bienenfresser und Gottesanbeterin perfekt als geschickte Hummeljäger ein. Dr. Claude Flückiger und Hansruedi Stoll begaben sich auf Hummelsuche in den Schweizer Alpen und steuerten noch fehlende Motive wie die Trughummel bei. Wertvolle Unterstützung in Form von gemeinsamen Touren oder eigenen Fotos leisteten außerdem Michelle Prauß, Jörg Fürstenow, Uwe Kock, Dr. Jörn Buse, Dr. Daniel Rolke, Dr. Jörg Müller und Rebecca Oechslein. Stefanie Krause verschaffte Zugang zu den Sammlungen des Museums für Naturkunde Berlin, so dass unter anderem mitteleuropäische Marschhummeln aus historischen Zeiten den Weg ins Buch finden konnten.

Literaturverzeichnis

BÜCHER

Bollingmo, T. (2012): Norges humler med Humleskolen. BRAINS Media, Trondheim, 296 S.

Falk, S. (2015): Field guide to the bees of Great Britain and Ireland. Bloomsbury Wildlife Guide, London, 432 S.

Gokcezade, J. F., Gereben-Krenn, B-A. & Neumayer, J. (2017): Feldbestimmungsschlüssel für die Hummeln Deutschlands, Österreichs und der Schweiz. Quelle & Meyer Verlag, Wiebelsheim, 55 S.

Goulson, D. (2016): Und sie fliegt doch. Eine kurze Geschichte der Hummel. List Taschenbuch, Berlin, 320 S.

Goulson, D. (2017): Die seltensten Bienen der Welt. Ein Reisebericht. Carl Hanser Verlag, München, 303 S.

Hagen, E. von & Aichhorn, A. (2014): Hummeln bestimmen, ansiedeln, vermehren, schützen. Fauna Verlag, 6. Aufl., Nottuln, 360 S.

Hintermeier, H. & Hintermeier, M. (2012): Bienen, Hummeln, Wespen im Garten und in der Landschaft. Obst- und Gartenbauverlag München, 7. Aufl., 160 S.

Kormann, K. (2002): Schwebfliegen und Blasenkopffliegen Mitteleuropas. Fauna Verlag, Nottuln, 270 S.

Kos, M., Kalkmann, V., Rond, J. de & Smit, J. (2022): Veldgids hommels van Nederland en België. KNNV Uitgeverij, 179 S.

Lewington, R. (2023): Pocket guide to the bumblebees of Great Britain and Ireland. Bloomsbury Publishing, London, 96 S.

Mossberg, B. & Cederberg, B. (2020): Humlor i Sverige. Bonnier Fakta, Stockholm, 192 S.

Parkkinen, S., Paukkunen, J. & Terräs, I (2022): Suomen Kimalaiset. Docendo, Jyväskylä (Finnland), 176 S.

Rasmont, P., Ghisbain, G. & Terzo, M. (2021): Bumblebees of Europe and neighbouring regions. N. A. P Editions, Verrières-le-Buisson (Frankreich), 632 S.

Söderström, B. (2017): Sveriges humlor – en fälthandbok. Entomologiska föreningen i Stockholm, 127 S.

Westrich, P. (2018): Die Wildbienen Deutschlands. Eugen Ulmer KG, Stuttgart, 824 S.

Wiesbauer, H. (2017): Wilde Bienen. Biologie – Lebensraumdynamik am Beispiel Österreichs – Artenporträts. Eugen Ulmer KG, Stuttgart, 376 S.

Witt, R. (2019): Kompakte Bestimmungshilfe: Plüschbrummer – Die Hummeln Deutschlands. Vademecum Verlag, Edewecht, Faltblatt, 10 S.

SONSTIGE PUBLIKATIONEN

Alferink, L. et al. (2023): Herkenning van de soorten van het aardhommel-complex door middel van kleurpatronen (Hymenoptera: Apidae: *Bombus* s. s.). Entomologische Berichten 83 (6): 183–190.

Anagnostopoulos, I. (2005): The bumblebee fauna of Greece: An annotated species list including new records for Greece (Hymenoptera: Apidae, Bombini). Linzer biologische Beiträge 37 (2): 1013–1026.

Arnoczkyne Jakab, D. et al. (2023): Long-term changes in the composition and distribution of the Hungarian bumble bee fauna (Hymenoptera, Apidae, *Bombus*). Journal of Hymenoptera Research 96: 207–237. DOI 10.3897/jhr.96.99002.

Bertsch, A. et al. (2004): Discrimination of the bumblebee species *Bombus lucorum*, *B. cryptarum* and *B. magnus* by morphological characters and male labial gland secretions. Beiträge zur Entomologie 54 (2): 365–386.

Biella et al. (2017): Distribution patterns of the cold adapted bumblebee *Bombus alpinus* in the Alps and hints of an uphill shift (Insecta: Hymenoptera: Apidae). Journal of Insect Conservation 21: 357–366; DOI 10.1007/s10841-017-9983-1.

Biella, P. et al. (2020): Northwestward range expansion of the bumblebee *Bombus haematurus* into Central Europe is associated with warmer winters and niche conservatism. Insect Science 28 (3): 861–872. DOI 10.1111/1744-7917.12800.

Bossert, S. (2015): Recognition and identification of bumblebee species in the *Bombus lucorum*-complex (Hymenoptera, Apidae) – A review and outlook. Deutsche Entomologische Zeitschrift 62 (1): 19–28. DOI 10.3897/dez.62.9000.

Brasero, N. et al. (2021): Resolving the species status of overlooked West-Palaearctic bumblebees. Zoologica Scripta 2021;00:1–17. DOI 10.1111/zsc.12486.

Carolan J. C. et al. (2012): Colour patterns do not diagnose species: Quantitative evaluation of a DNA barcoded cryptic bumblebee complex. PLoS ONE 7(1): e29251. DOI 10.1371/journal.pone.0029251.

Chen, H. et al. (2025): The role of pathogens in bumblebee decline: A review. Pathogens 14 (1), 94. DOI 10.3390/pathogens14010094.

Dalla Torre, K. W. (1882): Bemerkungen zur Gattung *Bombus* Latr., II/3: Zur Synonymie und geographischen Verbreitung der Gattung *Bombus* Latr.. Berichte des naturwissenschaftlich-medizinischen Vereins Innsbruck 12: 14–31.

Frommer, U. (2018): Blütenbesuch, Phänologie und Habitat-Ansprüche bei *Bombus (Cullumanobombus) semenoviellus* Skorikov, 1910 (Hymenoptera: Apidae: Bombini) mit einem Erstnachweis für Hessen und Anmerkungen zur Ausbreitung in Europa und Deutschland. Mitteilungen des internationalen entomologischen Vereins 41 (3/4): 99–126.

Ghisbain, G. et al. (2023): The new annotated checklist of the wild bees of Europe (Hymenoptera: Anthophila). Zootaxa 5327 (1): 1–147. DOI 10.11646/zootaxa.5327.1.1.

Iserbyt, S. et al. (2008): The remarkable diversity of bumblebees (Hymenoptera: Apidae: Bombus) in the Eyne Valley (France, Pyrénées-Orientales). Annales de la Societé Entomologique de France 44 (2): 211–241. DOI 10.1080/00379271.2008.10697558.

Kierat, J. et al. (2025): Trzmiel czarnopaskowany *Bombus schrencki* MORAWITZ, 1869 (Apoidea: Anthophila) w Warszawie. Wiadomosci Entomologiczne (Entomological News) 44: 26–28. DOI 10.5281/zenodo.15280513.

Konovalova, I. (2010): The bumble bees of Ukraine: Species distribution and floral preferences. Psyche: A Journal of Entomology, 10 S., DOI 10.1155/2010/819740.

Lecocq, T. et al. (2013): Patterns of genetic and reproductive traits differentiation in mainland vs. Corsican populations of bumblebees. PLoS ONE 8(6): e65642. DOI 10.1371/journal.pone.0065642.

Liu, Y. et al. (2023): Genomic variation in montane bumblebees in Scandinavia: High levels of intraspecific diversity despite population vulnerability. Molecular Ecology 33, e17251. DOI 10.1111/mec.17251.

Løken, A. (1973): Studies on Scandinavian bumble bees (Hymenoptera, Apidae). Norwegian Journal of Entomology 20 (1): 1–218.

Martinet, B. et al. (2018): Following the cold: geographical differentiation between interglacial refugia and speciation in the arcto-alpine species complex *Bombus monticola* (Hymenoptera: Apidae). Systematic Entomology 43: 200–217. DOI 10.1111/syen.12268.

Minachilis, K. et al. (2020): Bumblebee diversity and pollination networks along the elevation gradient of Mount Olympus, Greece. Diversity and Distributions 26: 1566–1581. DOI 10.1111/ddi.13138.

Neumayer, J. & Paulus, H. F. (1999): Ökologie alpiner Hummelgemeinschaften: Blütenbesuch, Ressourcenaufteilung und Energiehaushalt. Untersuchungen in den Ostalpen Österreichs. Stapfia 67: 5–246.

Neumayer, J. et al. (2024): Rote Liste der Hummeln (*Bombus* spp.) Österreichs. In: Zulka, K. P. (Red.): Rote Listen gefährdeter Tiere Österreichs. Umweltbundesamt, Wien. https://www.umweltbundesamt.at/fileadmin/site/publikationen/rep0894.pdf.

Organ, S. et al. (2024): Erstnachweis von *Bombus argillaceus* (Scopoli, 1763) (Hymenoptera, Anthophila) für Deutschland. Ampulex 15: 46–49.

Ornosa, C. et al. (2017): Updated list of bumblebees (Hymenoptera: Apidae) from the Spanish Pyrenees with notes on their decline and conservation status. Zootaxa 4237 (1): 41–77. DOI 10.11646/zootaxa.4237.1.3.

Pachinger, B. et al. (2019): Notizen zum Vorkommen und zur Ausbreitung ausgewählter Wildbienenarten (Hymenoptera: Anthophila) in den Agrarräumen Ost-Österreichs. Beiträge zur Entomofaunistik 20: 177–198.

Pouvreau, A. (1974): Die Feinde der Hummeln. Apidologie 5 (1): 53–81.

Rasmont, P. (1984): Les bourdons du genre *Bombus* Latreille sensu stricto en Europe Occidentale et Centrale (Hymenoptera, Apidae). Spixiana 7 (2): 135–160.

Rasmont, P. & Adamski, A. (1995): Les Bourdons de la Corse (Hymenoptera, Apoidea, Bombinae). Notes Fauniques de Gembloux 31: 3–87.

Rasmont, P. et al. (2008): An overview of the *Bombus terrestris* (L. 1758) subspecies (Hymenoptera: Apidae). Annales de la Societé Entomologique de France 44 (1): 243–250. DOI 10.1080/00379271.2008.10697559

Rasmont, P. et al. (2015): Climatic risk and distribution atlas of European bumblebees. Biorisk 10, 236 S., DOI 10.3897/biorisk.10.4749.

Rupp, L. (1989): Die mitteleuropäischen Arten der Gattung *Volucella* (Diptera, Syrphidae) als Kommensalen und Parasitoide in den Nestern von Hummeln und sozialen Wespen. Dissertation, 206 S.

Williams, P. H. (2023): Can biogeography help bumblebee conservation? European Journal of Taxonomy 890: 165–183. DOI 10.5852/ejt.2023.890.2259.

Williams, P. H. et al. (2023): Bumblebees with big teeth: revising the subgenus *Alpigenobombus* with the good, the bad and the ugly of numts (Hymenoptera: Apidae). European Journal of Taxonomy 892: 1–65. DOI 10.5852/ejt.2023.892.2283.

INTERNET-QUELLEN

https://www.inaturalist.org/taxa/52775-Bombus
Norwegen: https://artsdatabanken.no/Pages/231205/Oversikt_over_alle_humler_i
Schweden: https://humlor.myrenas.se/
Finnland: https://laji.fi/taxon/MX.53474/images

Register

Die wissenschaftlichen Namen der Hummeln (Arten, Synonyme, Unterarten und Formen) sind ohne Nennung des Gattungsnamens *Bombus* alphabetisch eingeordnet. Die 63 im Gebiet bisher nachgewiesenen Hummelarten sind hervorgehoben.

Bildnachweis | Impressum

BILDNACHWEIS

8 Fotos von Jan Haft auf den Seiten: 7, 35, 46 unten, 52 oben, 71 unten links, 76, 77 oben, 77 unten.
3 Fotos von Nautilusfilm (über Jan Haft) auf den Seiten: 20 oben, 36, 37 unten.
3 Fotos von Ralf Donat auf den Seiten: 13 oben, 45 oben, 47 oben.
3 Fotos von Claude Flückiger auf den Seiten: 131, 171, 204 unten.
2 Fotos von Paul Westrich auf den Seiten 228 und 229.
1 Foto von Daniel Rolke auf Seite 9 unten links.
1 Foto von Jörn Buse auf Seite 33.
1 Foto von Uwe Kock auf Seite 38 oben.
1 Foto von Jörg Fürstenow auf Seite 96.
Alle übrigen Fotos von Hannes Petrischak.

IMPRESSUM

Umschlaggestaltung von Jorge Schmidt unter Verwendung eineseines Farbfotos von Frank Hecker. Das Fotozeigt eine Ackerhummel.

Mit 392 Farbfotos und 1 Kartengrafik.

Alle Angaben in diesem Buch erfolgen nach bestem Wissen und Gewissen. Sorgfalt bei der Umsetzung ist indes dennoch geboten. Der Verlag und der Autor übernehmen keinerle Haftung für Personen-, Sach- oder Vermögensschäden, die aus der Anwendung der vorgestellten Materialien, Methoden oder Informationen entstehen könnten.

Unser gesamtes Programm finden Sie unter **kosmos.de**.
Über Neuigkeiten informieren Sie regelmäßig unsere Newsletter, einfach anmelden unter **kosmos.de/newsletter**.

Gedruckt auf chlorfrei gebleichtem Papier

Pfizerstraße 5–7, 70184 Stuttgart
kosmos.de/servicecenter

ISBN 978-3-440-18130-5
Redaktion: Ben Boden
Gestaltungskonzept: Peter Schmidt Group
Gestaltung und Satz: typopoint GbR, Ostfildern
Produktion: Markus Schärtlein
Druck und Bindung: Printer Trento, Trento
Printed in Europe / Imprimé en Europe

FSC
www.fsc.org
MIX
Papier | Fördert gute Waldnutzung
FSC® C015829

Artporträtfotos

1 Norwegische Kuckuckshummel	*Bombus norvegicus*	> ab Seite 142
2 Waldkuckuckshummel	*Bombus sylvestris*	> ab Seite 144
3 Gelbe Alpenkuckuckshummel	*Bombus flavidus*	> ab Seite 145
4 Vierfarbige Kuckuckshummel	*Bombus quadricolor*	> ab Seite 147
5 Felsenkuckuckshummel	*Bombus rupestris*	> ab Seite 151
6 Baumhummel	*Bombus hypnorum*	> ab Seite 154
7 Gebänderte Taigahummel	*Bombus cingulatus*	> ab Seite 158
8 Heidehummel	*Bombus jonellus*	> ab Seite 160
9 Wiesenhummel	*Bombus pratorum*	> ab Seite 164
10 Ungarische Hummel	*Bombus haematurus*	> ab Seite 168

Artporträtfotos

1	Eisenhuthummel	*Bombus gerstaeckeri*	> ab Seite 119
2	Nordische Eisenhuthummel	*Bombus consobrinus*	> ab Seite 123
3	Steinhummel	*Bombus lapidarius*	> ab Seite 125
4	Höhenhummel	*Bombus sichelii*	> ab Seite 128
5	Trughummel	*Bombus mendax*	> ab Seite 131
6	Bärtige Kuckuckshummel	*Bombus barbutellus*	> ab Seite 132
7	Böhmische Kuckuckshummel	*Bombus bohemicus*	> ab Seite 134
8	Gefleckte Kuckuckshummel	*Bombus vestalis*	> ab Seite 136
9	Feldkuckuckshummel	*Bombus campestris*	> ab Seite 140